JN140026

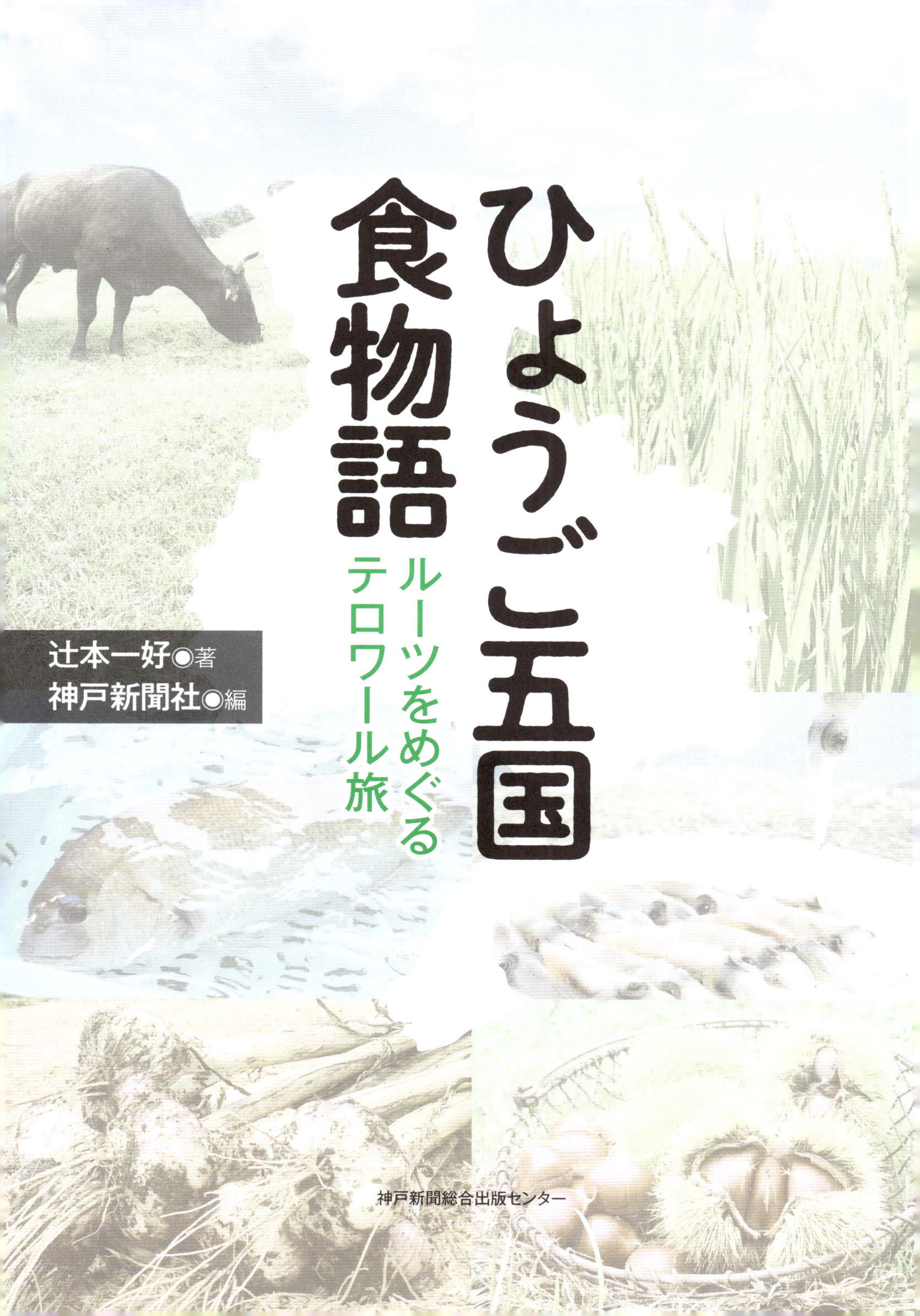

ひょうご五国食物語

ルーツをめぐるテロワール旅

辻本一好◉著
神戸新聞社◉編

神戸新聞総合出版センター

はじめに

食の魅力は、その地域ならではの物語とともに

～「風と水と土と　ひょうごテロワール」に寄せて～

古田　菜穂子

私が、兵庫県の自治体やＪＲグループによる大型観光キャンペーン「兵庫デスティネーションキャンペーン（ＤＣ）」の会議で辻本さんに出会ったのが約４年前。当時、会議の座長をつとめていた私は、辻本さんの食文化への造詣の深さに驚き、彼がいればキャンペーンの成功は間違いないと確信しました（だから彼に食部会の部会長にもなっていただきました）。

会議では、兵庫ＤＣの目的を、アフターコロナを見据えた安心、安全の担保とともに、本物志向、環境にも配慮し、県民が地域愛を取り戻せる持続可能なツーリズムを兵庫県から発信する、ということで合意し、そんな旅の実現を目指すキャンペーンテーマとして私が提案したのが「ひょうごテロワール旅」でした。

私自身、15年以上、岐阜県や山形県などで各地の地域資源を活用した、あらたな観光振興や、インバウンドを見据えたサステナブルツーリズムを推進する中で、地域ならでは

の特産物を育む風土や、時代を超えて引き継がれてきた人の営みをあらわす「テロワール」という言葉にずっと注目してきました。この言葉はワイン業界ではよく知られているフランス語ですが、そこだけに留めるのは勿体無いとも感じていたのです。

地域のさまざまなテロワールを訪ねる旅があっても良いのではないか？――兵庫県の食、ものづくり、観光地などの魅力の棚卸の作業をすればするほど、この県の持つ、特に食分野での多彩さには、歴史や伝統を踏まえても目を見張るものがあり、それらはまさに私が求めていた「テロワール旅」そのものだったのです。そこで、恐る恐る（？）会議の席上で、キャンペーンのテーマを「ひょうごテロワール旅」にしたらどうか、と提案したところ、同席していた面々の中で、いの一番に賛成してくれたのが辻本さんだったのです。

「テロワール、良いじゃないですか！　実は僕もそんな兵庫のテロワールを長く取材してきたんですよ！」と、嬉しそうに発言し、その実践として食と農業と消費者をつなぐ、新たな取り組みもしているという話もしてくださいました。

そのひとつが、新しい視点を持った日本酒づくりとして、「農と食」のゴミを資源循環させ、地域の自然エネルギーを活用した「持続可能なものづくり」としての「地エネの酒　環《めぐる》」でした。そんな特別なお酒があるなら味わいたいとお願いし、辻本さんの行きつけの神戸市内にある食事処に連れて行っていただくと、お酒は勿論、お料理すべてが兵庫県産で、食材すべてに特別な風土の物語・テロワールが存在していました。

「それらを訪ねるだけで素晴らしい旅になりますね」と辻本さんに伝えると「実は、テロワールの目線での、〝兵庫の食文化の魅力を知る旅〟をテーマとした連載が始まるんです」とのことでした。そして2021年の9月に始まった「風と水と土と　ひょうごテロワール」

という新聞紙面が、毎月1回、普段は岐阜に住んでいる私のもとに届くのが楽しみになりました。

その後、連載27回目となる2023年12月24日、「農家の味」をテーマに、淡路島のレモン栽培農園、丹波栗園、朝倉山椒、環《めぐる》プロジェクトとも縁の深い酪農による資源循環、おせちの技などを伝えるお母さんたちの紹介とともに、「五国の豊かな食文化　次代へ」との言葉で、2年3か月にも渡る辻本さんの連載は終了しました。

途中、記事で紹介された宍粟三尺きゅうり、播磨灘のカキ、六条大麦などをいただく機会がありましたが、その中でもう一度、購入しようとしても、もう手に入らなくなったものがありました。ほんの数年の間なのに、存続の危機に瀕していたのです。その事実に驚いたからこそ、私は今回、この連載が書籍化されると聞いて、心底、安心しました。脈々とつながれてきた大切なものは、絶対に無くしてはいけないのです。そのためには情報を定着させ、発信し続けることが必要なんです。

ぜひ、この一冊を手に、もう一度、兵庫の、日本の、テロワールをめぐる旅に出かけてみませんか。そしてその背景にある無数のさまざまな奇跡が生んだ物語を感じ、気づいていただきたいのです。自分たちの足元に眠っている、懐かしくも新しい未来の存在に。

（公社）ひょうご観光本部ツーリズムプロデューサー／岐阜県観光国際戦略アドバイザー）

目次

◎本書は神戸新聞朝刊連載「風と水と土と　ひょうごテロワール」（2021年9月19日～ 2023年12月24日、全27回）に一部加筆・修正しています。また、本書中に登場する方々の所属・肩書等は原則掲載時のままとしています。

〈テロワール〉

ワインの業界でよく使われ、味や香りを決める環境を示すフランス語。具体的には原料のブドウを育む土壌や気候のほか、作り手の技術も含まれる。日本酒などについても海外での人気の高まりとともに、原料や水、土壌や歴史などを総合的に捉える動きが広がっている。

2007年から山田錦の田に立てられる剣菱の旗。持つのは、剣菱酒造社長の白樫政孝さん＝三木市吉川町

山田錦

誕生から85年 別格の酒米

「テロワール」という言葉をご存じだろうか。ワインを好きな人ならなじみのあるフランス語だ。原料となる農産物（ワインならブドウ）の特性を形作っている環境、つまり畑の土壌や気候、人の技術などを指す。海外での日本食人気とともに、神戸ビーフなどが特別な評価を受ける兵庫の産物。今、その背景を総合的に捉える動きが広がる。この機にテロワールの目線で、兵庫の食文化の魅力を深く知る旅を始めたい。まずは、ワインの世界で注目され始めた日本酒の原材料、「山田錦」から。

「村米」の旗

山田錦生産の中心、北播磨。黄金色の稲穂が広がる水田地帯を車で走っていると、のぼり旗がときおり目に入る。山田錦の集落と契約栽培する日本酒の蔵元や銘柄を記した「村米《むらまい》」の旗だ。

三木市で見かけた緑の旗は石川県の「手取川」。戦国時代に上杉謙信の軍が織田信長軍を撃破したという合戦があった川にほど近い蔵が醸す酒だ。

加東市では、獺祭（山口県）を見かけた。さらに進むと、見覚えのあるロゴマークの旗が現れた。神戸市東灘区の「剣菱」だ。2007年、村米の旗をいち早く立て始めた。まだ青い稲穂と旗の様子を見回るのは、社長の白樫政孝さん。「田植えの6月から旗を立てますが、雨風で1シーズンもちませんね。傷んだものは取り換えます」

兵庫県産の山田錦は特別な酒米である。日本酒を製造する蔵元は全国で1200程度とされる。このうち有名銘柄の多くを含む550の蔵元が、兵庫の山田錦を使っている。

山田錦が兵庫で誕生してから85年。この間、全国各地でいくつもの酒米が開発されてきた。しかし、精米のしやすさや発酵の進めやすさなどで、別格の評価を受ける山田錦に並ぶ酒米は、まだ現れていない。

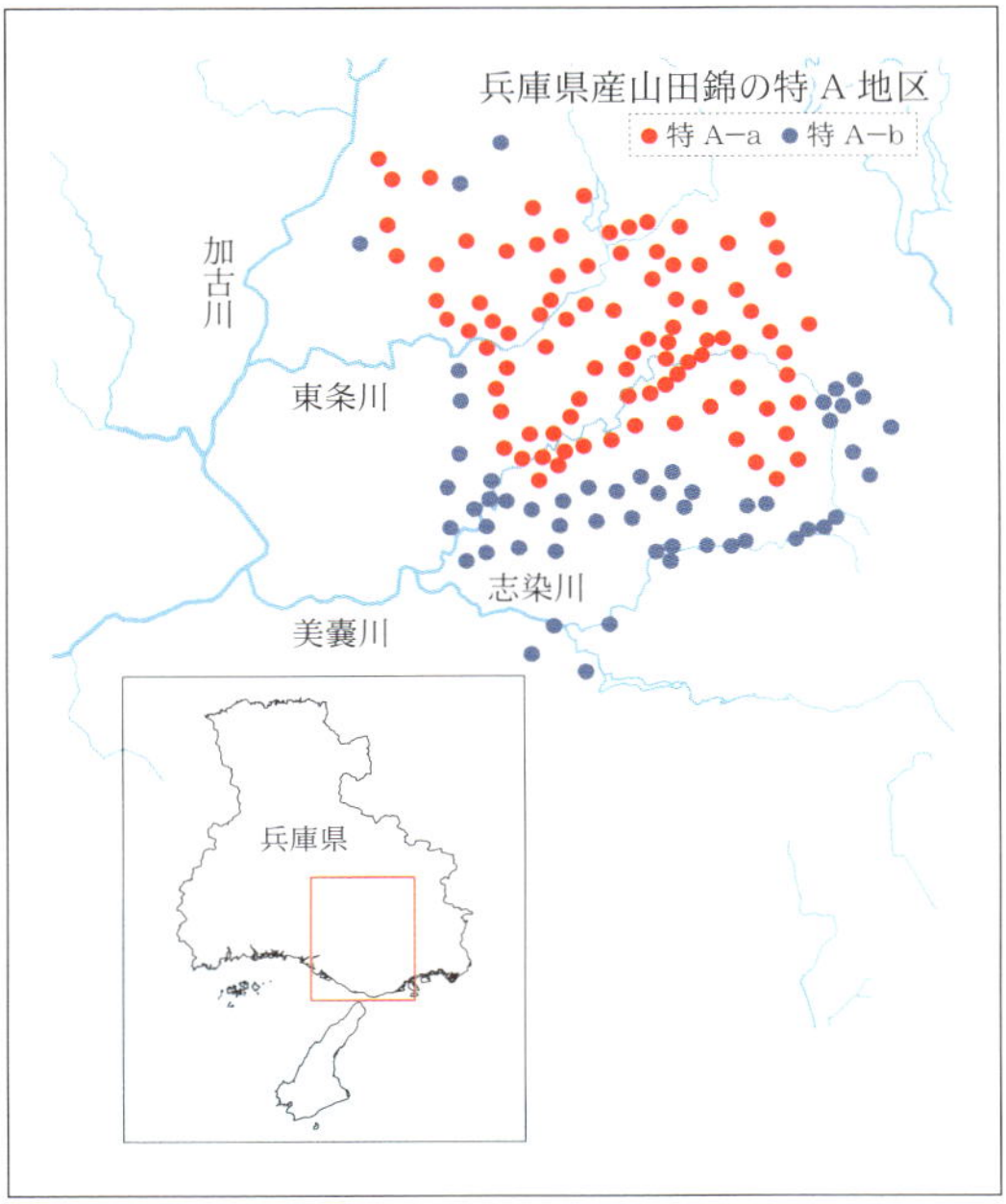

東西の谷

産地に昔から残る格言がある。「酒米買うなら土地（土）を買え」。良い産地の特徴として、まず挙げられるのが「東西の谷」にあることだ。北播磨、神戸市北区、三田市などの主産地の中で、歴史的に高い評価を受け、蔵元の人気も高いのが特A地区だ。兵庫県が作製した地図を基にした、特A地区の図を見てもらいたい＝前頁図。同様の図は、日本ソムリエ協会認定試験の日本酒教本にも掲載されている。

青い点は「特A―b」の集落。赤い点は最高の格を与えられている「特A―a」の集落だ。三木市の美嚢川、加東市の東条川に沿って、東西に広がる谷あいに集中している。もちろん、南北の谷にも良いところはある。ポイントは日当たりが良く、昼夜の温度差が大きいところだ。

これに対し、東西の谷の利点としては、六甲山系の山々が瀬戸内海から吹く暖かい南風をさえぎり、良い稲が実るために必要な夜間の気温低下が起きやすいことが挙げられる。

産地の地形と気象の研究を手掛けた人に、1961年から酒米振興会の初代事務局長を務めた故・森本巌さんがいる。兵庫県職員らの兵庫酒米研究グループが出版した『山田錦物語』に、その研究談が記されている。

夏の暑い日、海からの暖かい気流は加古川流域の播磨平野を抜けて、北に向かって吹き上げる。気流は支流の美嚢川流域にも押し寄せるが、なぜか途中で止まってしまう。東条川に流れ込んだ風も同じだ。

この点について、森本氏は、その先にある丹波の奥深い森林から吹く冷たい気流が抑え込むためだ、と解説する。

「神戸層群」

産地のもう一つの特徴は地質にある。特A地区の多くは「神戸層群」と呼ばれる地層に分布している。植物のきれいな葉の化石が数多く出る地層として知られる。

近年の研究によると、神戸層群は3千万～4千万年前の年代の堆積物によってできた、とされる。「最近では、小さな川がたくさんあった時代と湖だった時代が交互に繰り返されてできた地層、との見方が一般的です」と、兵庫県立人と自然の博物館（三田市）の半田久美子主任研究員は説明する。

兵庫県立農林水産技術総合センターの調査では、稲の栽培に適した粘土の層が分厚く砂利土の層が少ないため、根を深くまで伸ばしやす

農地整備で現れた神戸層群の地層＝三木市吉川町

いことが分かっている。

ただ、粘土質の層と別の地層の間に水がたまるなどして地滑りが起きやすい面がある。棚田の石積みが崩れることもあり、農地の維持は大変な作業だ。

三木市吉川町の山田錦農家、森本秀樹さんは「田んぼの水を抜く夏の中干し後に大雨が降ると、乾燥で生じた亀裂に水が入り、あぜが崩れてしまうことも。やっかいな土ですが、ミネラルなどの栄養分を保持する力は強い」と、産地の土の魅力を語る。

ワイン業界のように、酒米を育む土を酒造りの視点からとらえて発信する蔵元も出てきた。

加東市東条地区の「秋津」など、特A地区にこだわる本田商店（姫路市）。代表銘柄「龍力《たつりき》」を醸す山田錦の栽培土壌を紹介するため、「龍力テロワール館」を2020年11月にオープンさせた。

特A－aの「社」（加東市）、「東条」（同）、吉川（三木市）の土の組成や性質を解説し、これら3産地で収穫した山田錦を使って、同じ製法で造った日本酒を販売。味の個性の違いを楽しませてくれる。

本田商店の本田龍祐専務は「日照と気候条件の恵まれた特A地区でも、土壌が違うと味が異なることが分かり、それを説明しようとするうちに、ワインの世界で使われる『テロワール』という言葉にたどりついた」と話す。

14系統の種子

他の酒米の追従を許さない兵庫の山田錦。その優れた品質は、種子を守る地道な取り組みで維持されている。

兵庫県では、その遺伝的な特性を守るため、まず14系統の山田錦を栽培する。そして厳格な審査を経て認められた1株ずつを選び出し、その種子を「原原々種」としている。これが山田錦の大本だ。

翌年以降に原原種、原種を育て、次の年の4代目が農家に種子として供給される。日本酒の蔵元に届くのは、5代目となる。

収穫された山田錦の玄米。各地の酒蔵が欲してやまない逸品だ＝ＪＡみのり吉川ライスセンター

こうして守られる山田錦は、実は最近の品種に比べると、かなり栽培しにくい稲だ。まず１２５センチという背丈は、コシヒカリなどと比べると20センチも長い。このため肥料が多いと倒れやすく、10月収穫で栽培時期が遅いので台風の被害にも遭いやすい。収量が少なく、病気にも弱い品種なのだ。

各地の酒米との品種競争の中、山田錦も特に背丈を低くする改良が取り組まれてきた。そこへ、１９９０年代の吟醸酒ブームが起きる。蔵元の間で、半分の大きさまで精米しても割れにくく、低温でじっくり発酵させやすいなどの特性が高く評価され、いっそう特別な存在へとなっていく。

「品種をつくるまでは新しい性質を盛り込もうと試みるが、いったんできれば形質の維持に徹する」と話すのは、全国で唯一の酒米専門の研究機関「兵庫県立酒米試験地」（加東市）の池上勝主席研究員だ。

育てにくく、収量も少ないというマイナス面が指摘されながらも、一貫して山田錦本来の形質を守り続ける研究員。それを田んぼで忠実に実現させる農家。両者のつながりが、兵庫原産の山田錦にさらなる強さをもたらしたと言える。

それは、和牛の大型化という国内産地競争の中で、小柄という形質をかたくなに維持してきた但馬牛の種に対する取り組みと、同様の哲学だと感じる。

海外のワインソムリエやシェフの世界で日本酒の評価が高まる中、素材と風土を重視するテロワールの目線から、山田錦と兵庫に向けられるまなざしは強まるばかりだ。飛び抜けた存在であり続ける奇跡の酒米の物語。もっと広く共有されることを願ってやまない。

産地の土壌と酒の関係性について語る本田商店の本田龍祐さん＝
姫路市網干区、「龍力テロワール館」

灘五郷の源となった六甲山麓の急流＝
神戸市東灘区、住吉川

六甲山 急流の恵み

灘五郷を生んだ「奇跡の水」

ワインやお茶などの味や香りを決定するさまざまな環境を指すテロワールの視点で、兵庫県の産物を紹介する連載の2回目は、日本酒の原料となる「水」を取り上げたい。前回は酒米の最高峰、山田錦の産地として、歴史的にも評価が高い六甲山の北側の地区を訪ねた。今回は恵みの水の物語を求めて六甲山の南側を巡る。

水車の産業都市

まず、地質を示す図を見てほしい。東条川（加東市）や美嚢川（三木市）の流域など薄い緑色で示されているのは、山田錦の産地として蔵元の人気が高い特A地区が広がる「神戸層群」の地域。その南側で東西に長く延びるピンク色で示した地域が、六甲山から淡路島へと続く花崗岩《かこうがん》の地層だ。

７千万～８千万年前ごろ、恐竜の時代に地中のマグマだまりが冷えて固まってでき、主に地下十数キロにあったとされる。そんな深い地層がなぜ、９００メートルを超す山の地表に露出したのだろうか。

「ここ１００万年の間に地下の断層活動が活発化して隆起し続け、神戸層群などの新しい時代の地層がすべて流されて、今のような花崗岩の険しい山ができました。六甲山は今も隆起を続ける若い山です」。兵庫県立人と自然の博物館の主任研究員、加藤茂弘さんはそう説明する。

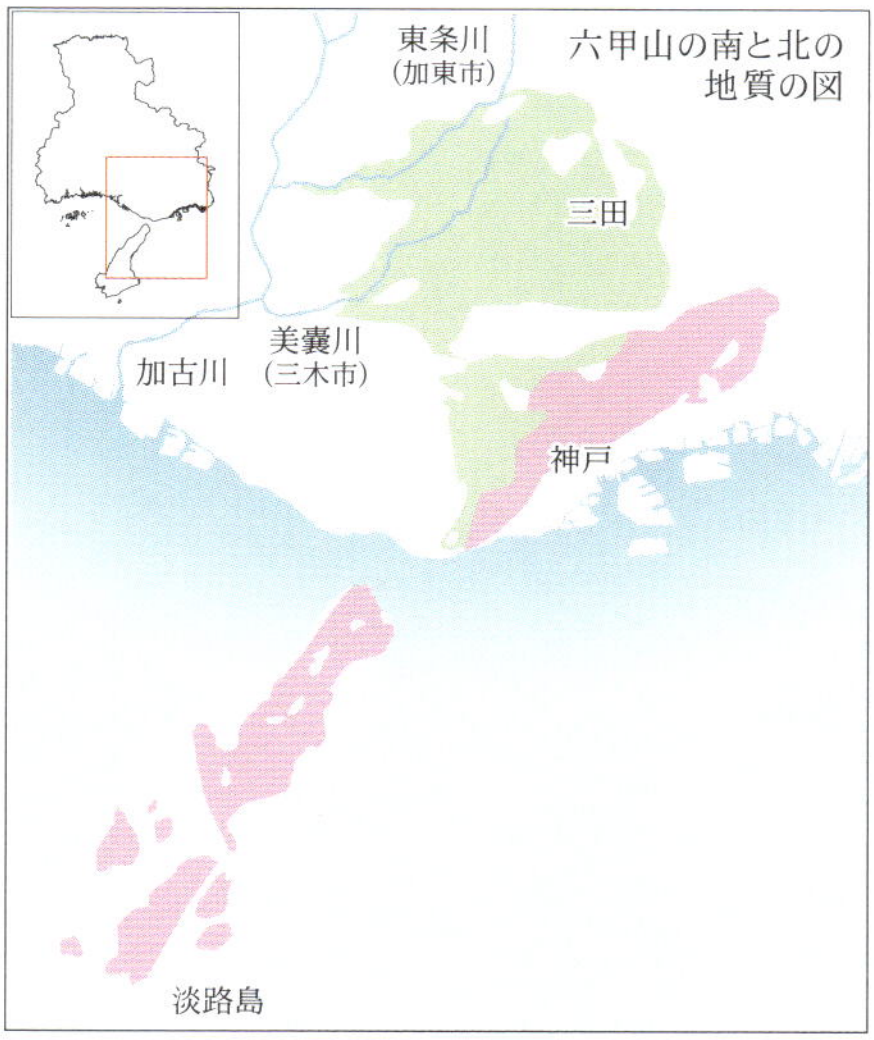

地球のダイナミックな営みから現れた急峻《きゅうしゅん》な山の周囲に、いくつもの急流河川が生まれる。日本一の酒どころ「灘五郷」は、この水の勢いを水車に生かすことから始まった。

六甲山の南側では、江戸時代の初めには菜種などから照明用の油を搾る水車が稼働していた。やがて、米の表面を削る精米を目的とした酒造用の水車が登場する。六甲山系で最も大きい川の一つで、今も水量豊かな住吉川（神戸市東灘区）河川敷の「清流の道」を歩くと、人々が生かしてきた水の力を実感する。

最高峰９３１メートルの六甲山系から発する水は、長い階段のように延々と段差が続く川床を、滝のように流れ落ちて5キロ先の海へと注ぐ。上流にある白鶴美術館から南へ少し歩くと、水路沿いに復元

住吉川流域の水路に復元されている「灘目の水車」＝神戸市東灘区

された「灘目の水車」がある。

　住吉歴史資料館学芸員の内田雅夫さんが、水力で精米していた当時の様子を語ってくれた。「水車は建物の中にあり、そこにいろいろな設備が加わって、大きな工場のようになっていました。それが六甲山の水車群の特徴です」。巨大な水車の両側には計100ほどの杵《きね》と臼が備え付けられ、24時間、米を磨き続けた。住吉川水系だけで、1万もの臼があったという。

　人の力で精米していた時代に水力という自然エネルギーが導入され、一帯は技術革新の地となっていく。

　生田川、都賀川、石屋川、住吉川（神戸市）、芦屋川（芦屋市）。六甲山系の川に広がる水車群で磨かれた良質な原料米は、海沿いの地域に増え続ける酒蔵に運び込まれた。大量生産が可能になった質の高い日本酒は帆船で江戸へと運ばれ、市場の7〜9割を占めるまでになる。自然エネルギー産業都市の経済力に目をつけた江戸幕府は、この地を直轄の天領とした。

　六甲山の麓で発達した「水車産業」は明治・大正期に最盛期を迎えるが、電力の普及とともに衰退。1938年の阪神大水害で水車の大半が流失し、壊滅した。内田さんは「水車産業を中核に、さまざまな雇用が生まれた六甲山の南側は、先進経済地域だったと言えます。発展の礎となった水車の歴史に、もっと目を向けるべきです」と訴える。

絶妙なブレンド

六甲山の急流のもう一つの恵みは水質だ。花崗岩の地層に浸透し、400〜600年かけて流れ出る地下水は、カルシウムとマグネシウムを多く含む中硬水。日本人が好む軟水と、欧米のミネラルウオーターに多い硬水の中間の水だ。

「酵母による発酵に欠かせないリンやカリウムが豊富な一方、日本酒に不要な色やにおいの原因となる鉄が少ない」。白鶴酒造（神戸市東灘区）で酒造用水を管理する品質保証部長、小西武之さんが、酒づくりに理想的と賞される名水の魅力について熱く語った。

六甲の名水は、神戸・阪神間の急速な開発から守るための取り組みによって今も品質が保たれ、酒づくりの大事な原料として使い続けられている。

灘五郷の神戸地区では、マンションや鉄道などの地下工事の際、酒造組合の「水資源委員会」が施主側と地下水に影響を与えないための対策を協議する。調査研究の活動も怠りない。1973年には、将来も安定的な水資源を確保するため、住吉川上流の水を取水する酒造専用水道が建設された。

もう一つ、灘五郷の酒造用水の象徴とされるのが、西宮の宮水だ。1924年に前身組織が発足した「宮水保存調査会」の活動によって、守られている。

宮水は長年、三つの伏流水の絶妙なブレンドによって品質が保たれてきた。「奇跡の水」と呼ばれるゆえんだ。

各酒蔵の宮水井戸は西宮神社南東に集中している。北東からの「法《ほう》安《あん》寺《じ》伏流」、北からの「札《ふだ》場《ば》筋《すじ》伏流」は縄文時代に入り海だった場所を通るため、ミネラルは豊富だが、日

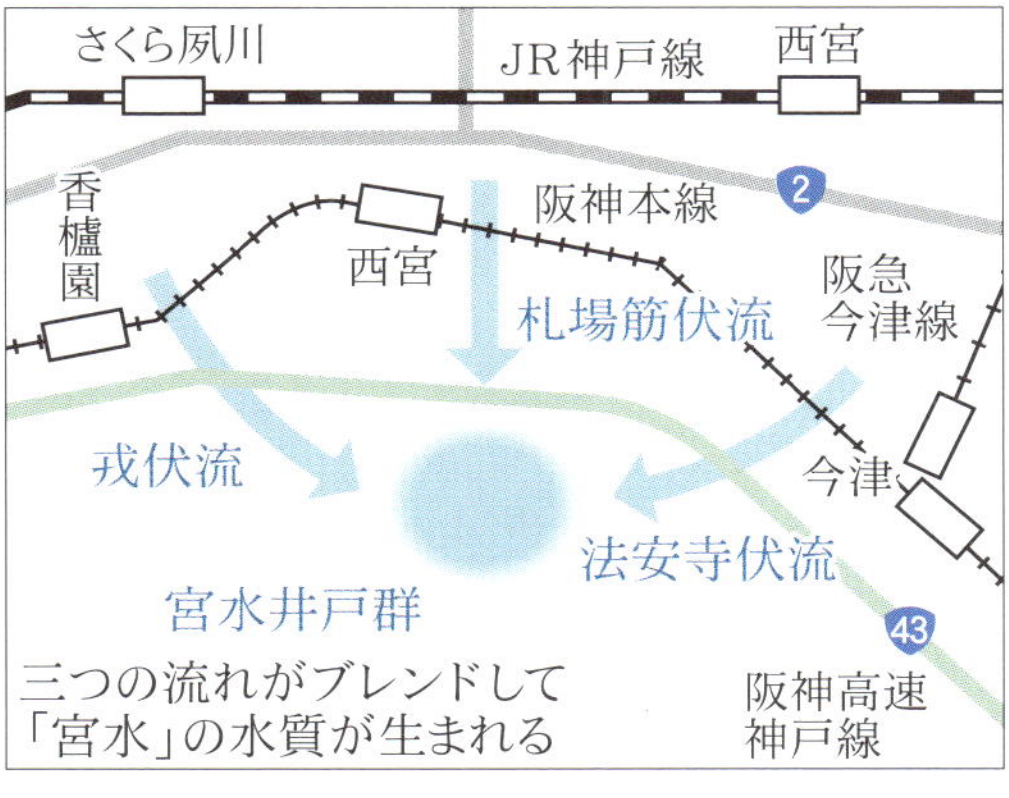

三つの流れがブレンドして
「宮水」の水質が生まれる

底に敷かれた砂利がきれいに見える大関の宮水井戸＝西宮市石在町、宮水庭園区

本酒にマイナスとなる鉄分が多い。この鉄分が、夙川方面からの流れが速い「戎《えびす》伏流」に含まれる酸素に触れて酸化鉄となり、自然の力で取り除かれる。

閑静な住宅街の中にある大関（西宮市）の宮水井戸を見せてもらった。地上から3メートルもない浅い井戸の底には砂利が敷かれ、市街化地域の水とは思えない清涼な色をしている。

「年2回の一斉採水では、ほかの蔵の井戸とともに広く民家の井戸でも調査され、地域全体で水に異常が起きていないかを調べます」と大関の品質保証部長、絹見昌也さん。２０１7年、西宮市は工事の事前協議を義務化した宮水保全条例を制定した。

海に近い宮水は、開発に伴って伏流水が弱まると海水の浸透を受けやすい。このため採取地は北上を続けてきた。いくつもの時代を超えて銘酒を生み出してきた奇跡の水を次世代につなぐ取り組みはこれからも続いていく。

Guide

これからもおいしい日本酒を／温暖化に対抗する新しい型

「環プロジェクト」

産物を育む自然と人の営みを指す「テロワール」。豊かな恵みを地域にもたらしてきたものづくりの「型」は、いま温暖化などの気候変動で揺らいでいる。酒米も例外ではない。

そんな中、ローカルSDGsのものづくりを掲げて生まれたのが「環《めぐる》プロジェクト」だ。

呑むと地域の資源が回り出す。地球環境へ負担を減らす

石油を大量に使って、温室効果ガスの要因となる膨大な有機物残さを発生させる農業は、温暖化を乗り越えるために自身の化石燃料への依存体質の転換が求められている。

呑むと地域の資源が回り出す。地球環境へ負担を減らすーなどのフレーズで、4農家と4酒蔵と神戸新聞社の連携によって2021年に生まれた純米吟醸酒「環《めぐる》」は持続可能なものづくりの「型」を示す試みだ。原点となったのは、神戸市北区の弓削牧場が取り組む自然エネルギー事業だった。

弓削牧場では、環境問題の解決とエネルギー自給を目的に、乳牛のふん尿やチーズの残さを発酵させてバイオガスを生産し、給湯に利活用している。

一方で、発酵の副産物「消化液」（有機肥料）が使い切れていないのが課題となっていた。消化液という眠れる地域資源の存在を広く知らせるために始まったのが、「環プロジェクト」だった。

稲作のエネルギー消費をほぼ半減。温暖化を克服する農法

天然ガス由来の化学肥料から消化液などの地肥料に転換することで、ごみの資源化と自然エネルギー普及の道筋を示す試みには、酪農家2軒、酒米農家5軒と7つの酒蔵が参加している。

主要テーマである農業の脱炭素化でも成果が上がっている。冬から水を張って田んぼの有機物の分解を進める冬期湛水にも取り組む農家は、土がやわらかくなったことで稲作の常識だった3回の耕運作業や肥料が不要となり、エネルギー消費をほぼ半減させている。

これからもおいしい日本酒を味わいたい、との思いでつなぐ農家と蔵元の新しい資源循環を日本酒ファンと一緒に広げていきたい。

身が引き締まった旬の紅葉鯛を持つ土井祐介さん＝明石市岬町

明石鯛

複雑な潮流が育む「紅葉」

海水が流れ続けるプールのいけすに浮かぶ数百の青いかごをのぞくと、明石海峡で取れたメイタガレイやカワツエビ、イカなどがうごめいていた。中でもひときわ華やかなのが、「明石鯛」のブランドで全国に知られるマダイだ。明石浦漁協の魚市場。ここでは、扱う魚の多くが生け魚のまま取引される、全国でも極めて珍しい競りが開かれる。

今の時期の明石鯛は、冬を越すためにエビやカニをたっぷり食べ、脂が乗った身が赤みを増して「紅葉鯛《もみじだい》」と称される。「これだと、小売り段階で数万円。立派な紅葉鯛です」。明石浦漁協の土井祐介さんが、あめ色の光沢がきれいな2キロ以上の明石鯛を手にしながら笑みを浮かべた。

青紫のシャドー

海水の中では、明石鯛の赤い身に浮かぶ青い斑点が小さな宝石のように光る。とりわけ、目の上に青紫のアイシャドーのような輝きを備えたメスの紅葉鯛は、魚の女王と呼ぶのにふさわしい優雅さがある。

「ちょっと特別な魚で、大きさや身の太り具合だけでなく、痩せてても美しければ、高く取引されます」。

目の上の〝アイシャドー〟と体の青い斑点が美しい明石鯛

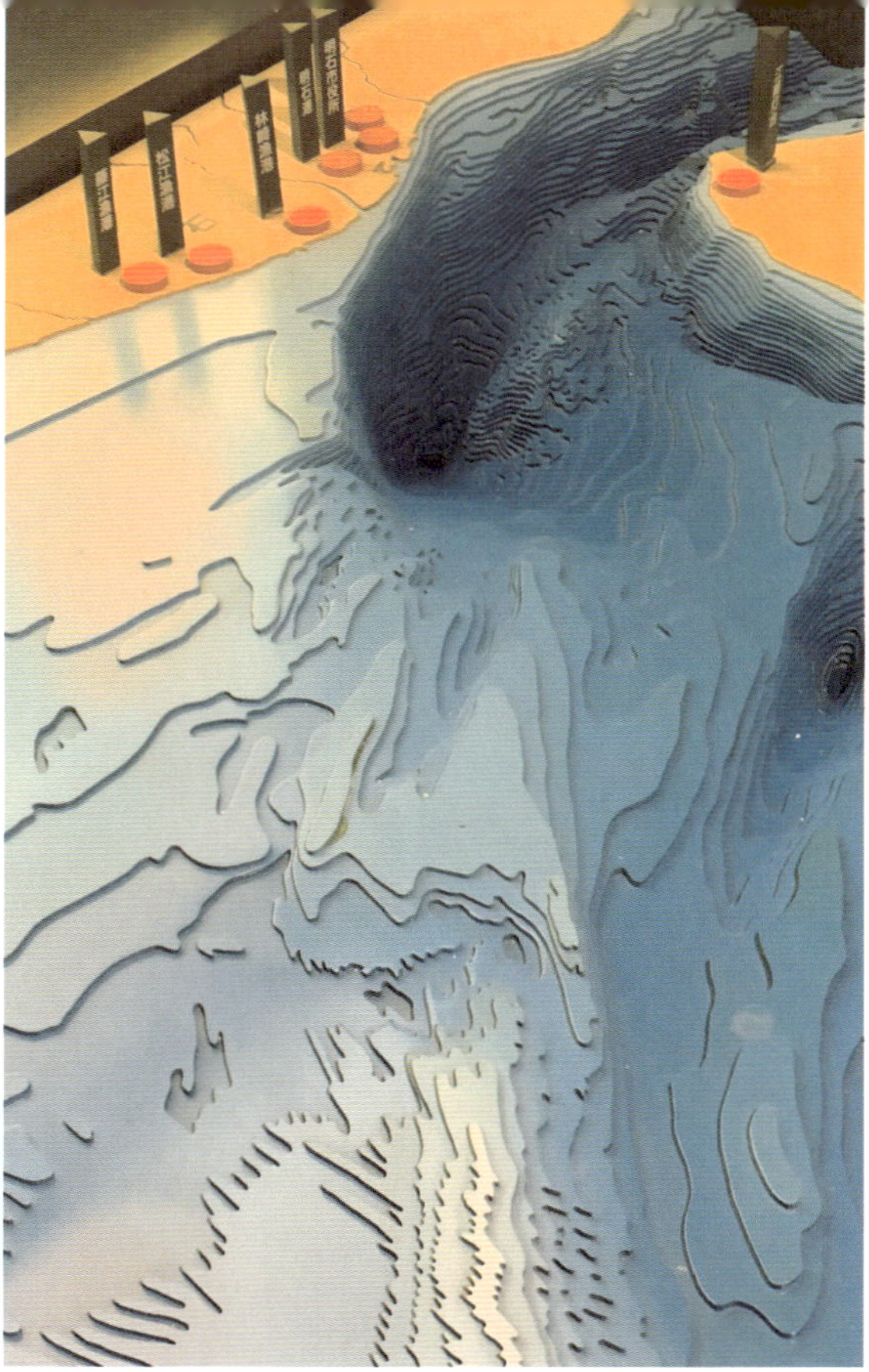

明石海峡周辺の海底の様子。海峡両岸は断崖のように険しい。手前の白っぽいところは鹿ノ瀬＝明石市上ノ丸、市立文化博物館

土井さんが明石鯛ならではの取引について、説明してくれた。

漁の主流は風呂敷のような網の中へ追い込む五智網《ごちあみ》漁だ。市場に明石鯛を運び込んでいた漁師の槌井章泰さんに聞くと、「その日の天気によって漁をする場所を選ぶ。浅いところで水深5～7メートル、深いところでは網が届く限界の60～70メートル」と話した。

明石鯛が生きる明石海峡周辺の海の底は、とてもユニークな地形をしている。地形の構造がよく分かる海底の模型が明石市立文化博物館にある。

等深線の幅が狭い濃い青の部分は急斜面の断崖だ。海峡東側の大阪湾では、淡路島の岩屋港（淡路市）に面したあたりから、西に海底がえぐられたような深みがある。

最深部は149メートル

最深部は明石の林崎漁港や松江漁港のすぐ沖合の播磨灘で、149メートルほどあるそうだ。その南、淡路島の富島港（淡路市）の沖にも、深く落ち込んだくぼみがある。これらは「海釜《かいふ》」と呼ばれ、潮流の激しい場所でよく見られる。

二つの海釜の間はなだらかに盛り上がっていて、西側に行くほど浅くなる。その西にある白く細長い線のような場所は水深数メートルの浅瀬で、船からも底がよく見える。尾根のように南西に延びたこの浅瀬周辺が、瀬戸内海でも有数の好漁場で知られる「鹿ノ瀬」という砂場だ。海の砂丘のような地形は、小豆島（香川県）近くまで続くという。

　なぜこうした多様な海底地形ができたのか。それは瀬戸内海の成り立ちと深く関わっている。「2万年前、ここには大きな川が流れていたんです」。明石市文化財担当課長の稲原昭嘉さんに解説してもらった。

　2万年前の地球は寒冷化によって多くが氷に覆われ、海面は今よりも100メートル低かった。瀬戸内海は干上がっており、現在の明石海峡や鳴門海峡の場所には川が流れていた。川は紀伊水道で合流して巨大な川となって、太平洋に注いでいた。

　氷期が終わると、太平洋から海水が流入して大阪湾側から海に戻り、水流が淡路島に沿って播磨灘側へと流れ込むようになる。

　1日4回、繰り返される潮流の満ち引きによって海底が削りとられ、特に潮流がぶつかる海域では深くえぐられていった。そして、潮流で巻き上げられた砂が堆積して浅瀬ができる。それが、前述した鹿ノ瀬だ。

激流と闘った跡

大阪湾と播磨灘から二つの海流がせめぎ合う明石海峡。海中の流れは複雑に変化している。

　図は海流が東向きから西向きに変わった後の水の流れを示している。場所によっては向きが逆だったり、環流や渦が発生したりしている。

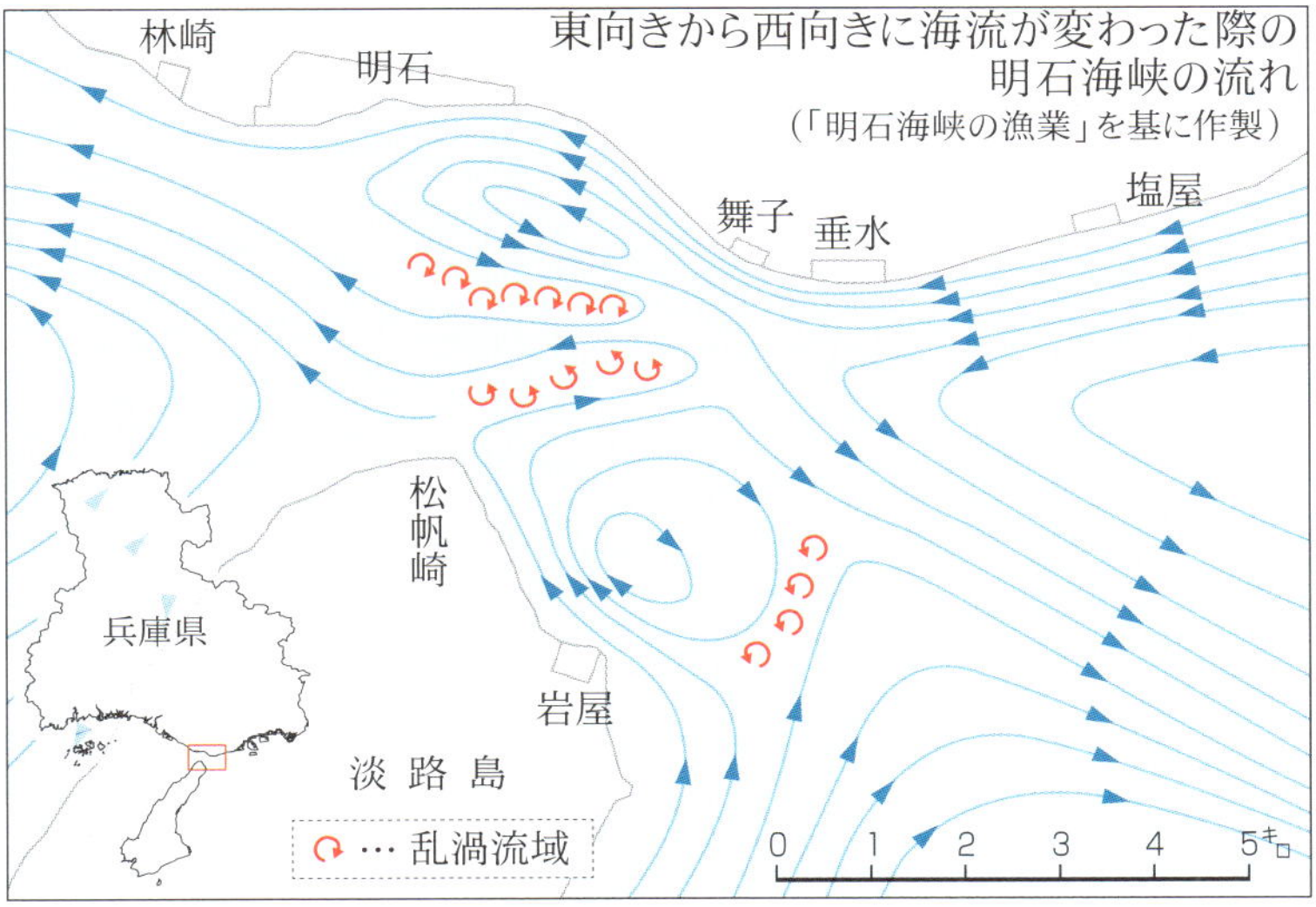

東向きから西向きに海流が変わった際の明石海峡の流れ
（「明石海峡の漁業」を基に作製）

明石鯛の引き締まった身は、複雑に変化する激しい潮流の海で生き抜いた証しである。環境の厳しさは骨に現れている。

「明石鯛の7、8割は、骨折によってできる骨のこぶがおなかの後ろの方に一つ二つある。大きいのだとパチンコ玉くらいのも」。そう語るのは、明石駅近くの料理店「海蓮丸」の料理長、畠山忍さんだ。

こぶは、潮流に負けないよう尾びれを激しく動かした際に折れてしまった部分を、再生する過程でできるといわれる。こうした骨折跡は同じ瀬戸内海でも穏やかな海域で育ったマダイには見られない、と畠山さんはいう。

漁師、漁協、卸売業者に丁寧に扱われた明石鯛は、さまざまな技によって高い鮮度とおいしさが保持される。針金を通して脊髄神経を壊し、腐敗を遅らせる「神経抜き」もその一つだ。

寒さが増すとともに、明石鯛の一部は紀淡海峡から太平洋へ、一部は明石の深い海底に移動するという。五智網漁も1月から3月は行わない。

魚を知り尽くした明石の人々の手を経て届く紅葉鯛。その上品な甘味とうま味をしっかり舌に記憶して、春の「桜鯛」と比べるのも楽しい。

明石鯛でよく見られる骨折跡。白いこぶが二つある

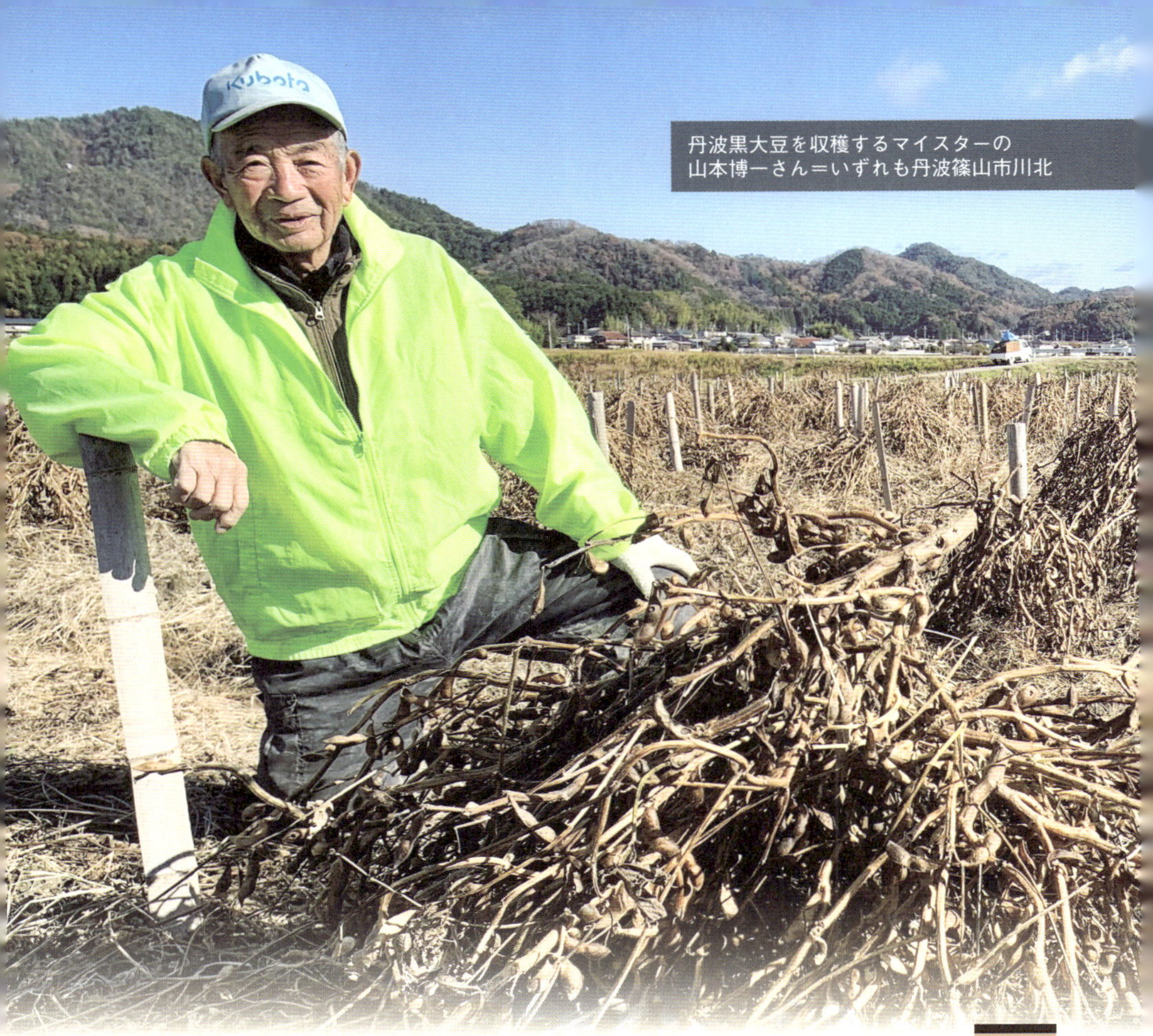

丹波黒大豆を収穫するマイスターの山本博一さん＝いずれも丹波篠山市川北

丹波黒

黒豆でも枝豆でも最高峰

独特のコクと深い味わいはやはり別格で、ビールが恋しくなる。いただいたのは秋に収穫したという大粒の丹波黒大豆の枝豆。少しゆでて急速冷凍したものを、食べる時に塩ゆでする。「こうすると新鮮な風味が1年楽しめる」。黒豆でも枝豆でも最高峰の評価を誇る丹波黒大豆の地域特産物マイスターの山本博一さん（丹波篠山市川北）はにっこり笑う。

テロワールの基本は土だ。まずその話から切り出すと、山本さんは東西に長い篠山盆地の歴史を語り始めた。

化石と肥沃な土

「昔、この辺は湖だったが、地殻変動で篠山川が加古川の方に流れるようになった結果、ここから少し西の川代《かわしろ》の方で恐竜の化石が出てきた。篠山でも田んぼを整備した際に化石が出たらしい」

思いがけぬ化石の話にテンションが上がった。川代渓谷は丹波竜発見地で有名だが、篠山の田んぼの話は聞いたことはない。後日、地層に詳しい兵庫県立人と自然の博物館主任研究員の加藤茂弘さんに尋ねると、「出てもおかしくはない」という答えが返ってきた。

加藤さんによると、かつて篠山盆地は南の武庫川の源流域だったが、3万年前に土砂でせき止められ、古篠山湖ができた。やがて湖から川代渓谷の方に水があふれだし、山肌を削って加古川へと流れる今の篠山川ができたという。

篠山盆地から丹波市山南町東部まで東西18キロに分布する「篠山層群」は、恐竜や古い哺乳類の化石で注目される地層だ。3万年前の出来事で生まれた新しい川が、はるか昔の1億年前の地層を削るようになったことで、世界的にも貴重な化石が現れた。同時に、湖の水が抜けて出現した肥沃《ひよく》な黒土が覆う篠山盆地も、大地の活動の恵みなのだ。

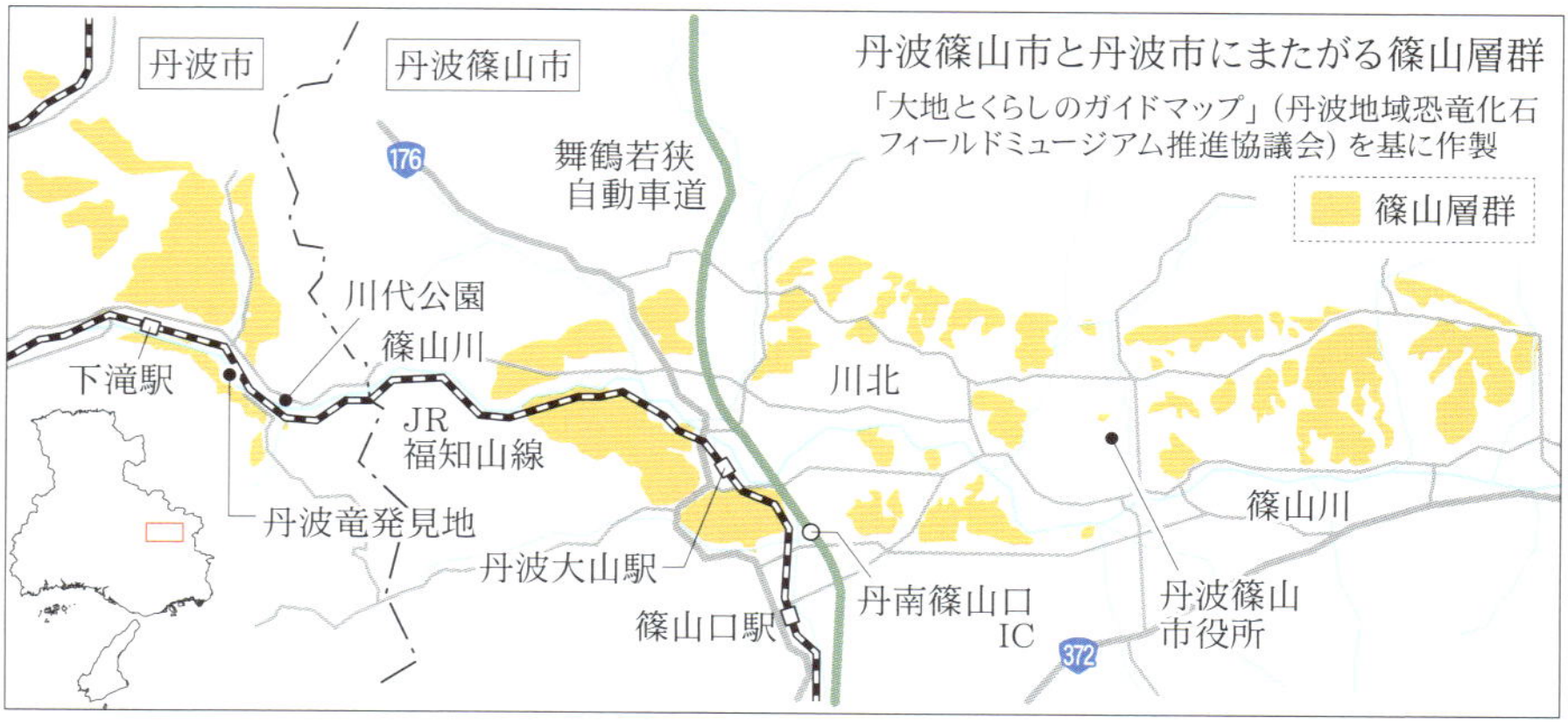

黒豆の最高峰である丹波黒大豆

「減反」が救った

「丹波黒大豆（丹波黒）」は旧丹波国地域で栽培されてきた在来種の総称だ。江戸時代中ごろ、享保《きょうほう》15（1730）年に著された料理解説書「料理網目調味抄」に、丹波の黒豆の記述が登場する。現在では、丹波篠山市だけで755ヘクタール（2020年）も栽培されている丹波黒だが、どのようにして特別なブランド産物となったのだろうか。

丹波篠山市農都創造政策官の森本秀樹さんは「水不足のため、一部の田んぼで稲作をあきらめ、畑地利用したのが始まり」と説明する。同じ農地だと生育が悪くなるため、場所を毎年変えるいわゆるブロックローテーションや、丹波黒ならでは

丹波黒大豆の枝豆。さやが黒いものほど味わい深い

の大きな畝で育てる技術も、既にあったという。

丹波黒には、前述の山本さんらの川北地区で受け継がれてきた川北黒大豆と、日置地区で育成された波部黒大豆という二つの在来系統がある。

江戸時代から名声を博し、明治以降も東京や大阪、京都などの富裕層に珍重されていたが、戦後は栽培面積が減り、1960年ごろにはわずか10ヘクタールになっていた。

「消滅の危機を救ったのは、実は米余り。71年に始まった他作物への転換を促す『減反政策』だったんです」と森本さん。

それとともに進んだのが大粒化だ。北海道産との差別化を進めるため、農家や農協が大粒の選定と栽培を繰り返す中で、2000年代には1940年代の2倍の大きさになっている。

丹波黒の人気と価格が高まるとともに、篠山と同じ内陸性気候の現在の宍粟市や朝来市、多可町のほか、岡山、滋賀、香川など他県にも栽培が広がった。

だが、産地拡大は供給過剰と価格暴落を招いた。ピンチに直面したことで、おせち料理に限られていた需要を開拓する動きが本格化する。80年代のことだ。

血液サラサラ

農協は全国販売に力を入れ、民間でも煮豆製品やお菓子などの開発が活発化する。「料理番組などで、家庭でもふっくらとした煮豆がつくれる料理法が広がったのが大きい」と話すのは、『丹波黒大豆の300年』の著作がある元県職員の島原作夫さん。

健康効果ブームで「血液サラサラ」などの表現がメディアに頻繁に登場するようになり、枝豆人気で需要がさらに拡大した。今では栽培の4分の1が枝豆用で、秋の旬の味覚として定着した。

島原さんは「篠山の人たちが偉かったのは、希少品の黒大豆を生産拡大した時、うまく高級ブランドに定着させたこと」と話す。

気候変動と闘う

丹波篠山の黒大豆栽培は2021年2月、日本農業遺産に認定された。ただ、恒常化する高温や長雨などの対策が大きな課題となっている。今年も、秋の少雨で十分に膨らみきらない楕円《だえん》形の豆が増えるなど、異常気象の影響に悩まされた。

「気候の変化には、人の技術を磨いて乗り越えていくしかない」。森本さんが厳しい表情で語った。

10月の枝豆収穫は日の出とともに作業が始まる

農業は地球温暖化の影響をじかに感じられる現場だ。人が自然とともに産物を作り上げる「型」であるテロワールを、気候変動は崩そうとしている。

地球の限界を超えないためのSDGs（持続可能な開発目標）は、かけがえのない地域の個性である特産物を、次代に継ぐための取り組みでもある。そのことを強く認識すべきだと思う。

Guide

明石鯛と鳴門鯛 2つの海峡が生む ブランド魚

日本各地で獲れるマダイの中でも最高のブランドとして知られる明石鯛は、東京や京都の料亭などにも多く出荷されている。近年は漁獲量も安定していて、地元でも手軽に味わえる。

JRと山陽電車の明石駅からすぐ南にある「魚の棚商店街」周辺の飲食店では、刺し身、鯛めし、あらだきや珍しい鯛の肝などの明石鯛づくしの定食も楽しめる。対岸の淡路市で水揚げされた鯛は岩屋鯛などとも呼ばれる。

魚の棚商店街周辺の店で提供されている明石鯛づくしの定食

満潮と干潮が隣り合う特別な海

淡路島にはもう一つのブランド鯛がある。渦潮で知られる鳴門海峡周辺で捕れる鳴門鯛だ。激しい潮流の環境でもまれて育ったマダイは、身がひきしまり、特に一本釣りされた鳴門鯛は市場で高く評価されている。春と秋には世界最大級の大きさになるといわれる鳴門の渦潮は、淡路島周辺の特殊な地形によって生み出される。

月と太陽の引力に海の水が引っ張られて起きる満潮の時、太平洋から紀伊水道に流入する満ち潮の大部分は広い大阪湾に流れこむ。

明石海峡からの潮流で播磨灘が満潮になるころ、太平洋側は逆に干潮になっている。鳴門海峡を挟んで満潮と干潮が隣り合う非常に珍しい状況が起こる。水位の高い播磨灘から低い太平洋側へと大量の海水が流れ出ようとする。この落差が日本一速いという潮流と渦潮を生み出す大きな要因となる。

海峡の荒海で育った鳴門鯛には、明石鯛と同様の骨のこぶがよく見られる。「鳴門骨《ぼね》」などと呼ばれ、縁起物として扱われている。

潮流が複雑で、変化が激しい明石海峡大橋周辺

岩津ねぎの炭火素焼き。
掘りたての新鮮な風味を堪能する

岩津ねぎ

雪で増す、唯一無二の風味

炭火で白根を黒焦げになるまで焼いて、根っこの少し上から切り落とす。焦げた皮をむくと、湯気とともに食欲をそそる香りが広がった。冬の厳しい寒さと雪が絶品の風味を生む朝来市特産の岩津ねぎ。その味わいを一番楽しめるという食べ方を、生産者の池本晃市さん（朝来市）に教えてもらった。「青い葉を持って上を向いて…」。カニの時のように口を上に開いて食べる。ホクホクの白根は口の中でとろけ、豊かなうま味と甘みが重なり合った。

竹田城を望む畑

姫路からＪＲ播但線に乗り北へ。生野峠を越え、青倉駅で降りる。15分ほど歩くと目指す畑についた。池本さんはここで隔週土日に「岩津ねぎ掘りＤＡＹ！」と銘打って収穫イベントを催している。

大きな米袋に詰め放題で２千円。〝天空の城〟竹田城を望む雪が残る畑で、掘りたての岩津ねぎの素焼きを味わう。なんともぜいたくな時間だ。

「先日は、ネットで知り合ったという東京や高知のお客さん４人が鉄道などで神戸に集まり、レンタカーに同乗して来てくれました」。池本さんは知名度の広がりを実感している。

白根も葉も美味

太い白根から葉先まで、まるごとおいしく食べられるねぎは全国でも珍しい。スーパーでは、硬い葉を切り落とした白ねぎの売り場に並ぶことが多い。ただ、岩津ねぎは70～90センチある全体を丁寧に袋詰めして売られている。

隔週土日に「岩津ねぎ掘りＤＡＹ！」を開く池本晃市さん。右奥の山の頂に竹田城が見える

ねぎという野菜は、白根が長くなるように育てて食べる関東の「白ねぎ（根深ねぎ）」と、主に葉を薬味に使う関西の「葉ねぎ」の大きく二つに分類される。

岩津ねぎはその中間とされ、独特の個性を持つ。誕生のいきさつが、『兵庫の野菜園芸』（兵庫県農林水産部監修）に記されている。

ルーツは江戸時代にさかのぼる。幕府直轄の生野銀山で働く人たちのため、冬野菜として京都の九条ねぎが持ち込まれたのが始まりという。九条ねぎは葉ねぎの代表だが、白ねぎと同じように土寄せして育てられたことから、両方の魅力を併せ持つに至ったそうだ。

明治時代半ばまでは、お歳暮用などとして地域内で流通。播但線の開通によって広く域外でも販売されるようになった。

氷点下も凍らず

その特有のおいしさの源は肉厚の葉に含まれる半透明の部分にある。糖分が豊富で氷点下の寒さでも凍らず、雪にさらされることで風味を増す。ただ、雪が降りすぎると、柔らかい葉を傷めてしまう。

産地は2シーズン連続の大雪に悩まされた。2021年12月26、27日には、朝来市和田山で観測史上最高の71センチを記録したが、同じ但馬でも日本海沿いの香住(香美町)は7センチだった。

但馬では、内陸中心に降る雪を「山雪」、沿岸中心に降る雪を「海雪」と言う。昨年、朝来に降ったのは典型的な山雪だ。どんな時に降るのか、神戸地方気象台に聞いてみた。

二つの天気図を見てもらいたい(次頁)。いずれも日本の東に発達した低気圧、西に高気圧がある、いわゆる西高東低の気圧配置で、左の「山雪型」は等圧線が縦じまに走っている。「日本海の水分をたっぷり含んだ強い北西風が山々にぶつかり、積乱雲が発達して大雪を降らせます」と調査官の松岡政幸さんは説明する。

一方、沿岸部の海雪や平野部に雪を降らせる右の「里雪型」は、等圧線が袋状なのが特徴だ。

岩津ねぎの掘り取りを体験する家族連れ

最近はドカンと降る年がある一方で、ほとんど雪がない年もある。雪害を防ぐネットの導入を補助する

大雪のパターン　（神戸地方気象台の資料を基に作成）

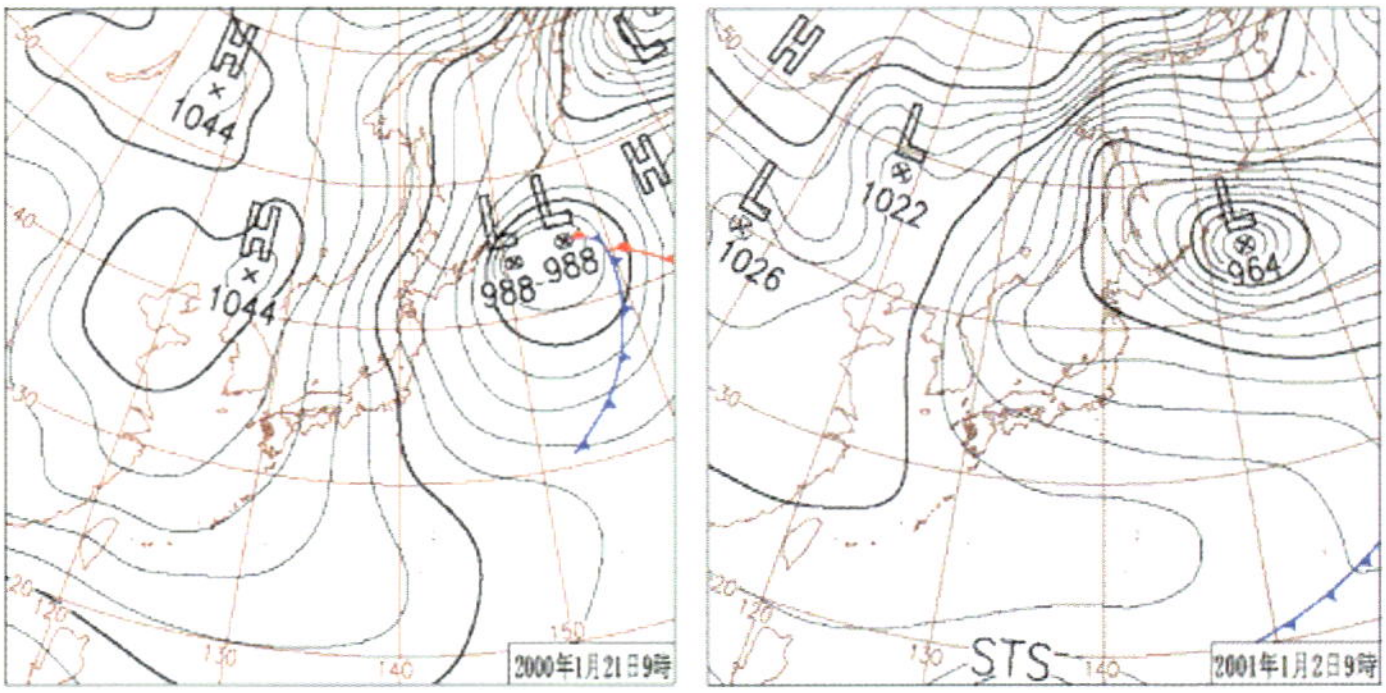

山雪型　　里雪型

朝来市の農林振興課長、平松裕一郎さんによると年々、ねぎの栽培は難しくなっているそうだ。平松さんは「冬の雪だけでなく、土寄せをする夏の雨もスコールのような極端な降り方が多く、畑が水没してしまうこともあります」と話す。

住みたい田舎

そんな産地にとって明るい兆しは、都会から移住する就農者が増えていることだ。朝来市は「住みたい田舎」（宝島社）の上位に選ばれる人気の地域。現在、先輩農家に弟子入りした21人が兵庫県朝来農業改良普及センターなどの指導を受けながら、岩津ねぎの栽培に励んでいる。

そうした就農者の新しい発想によって販路も広がり、「従来の市場出荷と道の駅のほか、東京などの百貨店やレストランなどにも売り先が拡大しています」（前述の平松さん）。

大阪出身の福本学さんもその一人だ。まだ3年目だが、すでに60アールの畑で栽培し、インターネットなどを通じて大阪や関東に販売する。「料理の主役になるねぎで、このおいしさをもっと多くの人に知らせたい、という気持ちにさせられる」と力強く語る。

年に白ねぎを3回栽培する大産地もあるが、手間をかけて育てる岩津ねぎの収穫は年1回のみだ。大雪の被害を受けた農家は傷んだ葉を取って追肥し、新しい葉の成長を待って出荷する準備を進めている。

雪に悩まされながらも極上の風味を届けようと、葉先まで大事に扱う農家の営みによって、現代まで残った唯一無二のねぎ。もっと高い評価を受けて、兵庫のキラーコンテンツになるべき食材だと強く思う。

「先輩農家に学び、無農薬栽培を増やしたい」と意欲を語る福本学さん＝いずれも朝来市内

カキの筏と島々が浮かぶ瀬戸内海＝たつの市沖

播磨灘のカキ

森からの恵みが海を育む

冬の季節風がない日、播磨灘の入り海にはなんとも穏やかな時が流れる。陽光で光る海面に、竹を組んだ筏《いかだ》が間隔を空けて浮かぶ。先に見えるのは家島諸島などの島々。筏に横付けされた船が海中のロープを引き上げると、たくさんのカキを入れた網かごが姿を現した。半年余りで大きく育ったカキは、播磨の森と川と海の豊かさを実感させてくれる。

「播磨五川」と湧き水

播磨灘でカキの養殖が本格化したのは、昭和50年代のことだ。相生、赤穂に続いて姫路市の坊勢、網干、たつの市の室津、岩見、さらに高砂へと産地は急速に広がった。年間生産量は8千トン前後で広島、宮城、岡山に次いで全国4位を誇る。

各漁港には生産者の直売所が並び、炭火焼きの店舗も増えている。JR播州赤穂駅や相生駅の周辺には、定番のカキフライのほか、「カキオコ」と呼ばれるお好み焼き、鍋やピザなどの料理が味わえるレストランが多数ある。

後発で全国的にはまだ知名度は低いが、「大粒でふっくら」「加熱しても身が縮みにくい」など、その評価は着実に高まっている。

高品質とされる理由はどこにあるのだろうか。兵庫県立水産技術センターの谷田圭亮さんに聞くと、「まず播磨灘はとても栄養が豊かなんです」と答えた。

カキを育む海の養分は植物プランクトンの量に表れる。播磨灘には中国山地に発する千種川、揖保川、夢前川、市川、加古川の「播磨五川」と海底の湧き水を通して、森林から栄養が流れ込む。植物プランクトンのクロロフィルの平均的な指標濃度をみると、播磨灘は1リットル当たり3・4〜6・5マイクログラム。これは広島や岡山の2倍以上の値という。

「1年カキ」

播磨灘のキャッチフレーズでよく見るのが、「1年カキ」という言葉だ。夏の養殖開始から収穫までが半年〜1年弱と、短期間であることを

専用のかごで育ったシングルシードのカキと冨田虎太郎さん＝赤穂市沖

意味する。収穫まで2年以上かかる産地もある中、成育環境の良さや栄養分の豊富さ、くせのない風味を売りにする。

もちろん、課題もある。「種板」と呼ばれる、カキの幼生が付着したホタテの貝殻の多くを、県外から購入していることだ。

「種ガキを育てるには潮の干満が大きな場所が必要で、播磨灘には少ないことが一番の理由」と谷田さん。種板は他県の種苗生産の好不調で価格が変動し、しばしば経営を圧迫する。1枚10～13円ほどの種板が、80円に高騰する年もあったという。

シングルシード

地場産種苗の確保が大きな課題となる中、広がりつつあるのが、オイスターバーなどで見かける小ぶりの「シングルシード」。水産技術センターと生産者によって、独自の自家採種と生産の技術が開発された。

海中に漂う幼生をペットボトルに付着させ、大きくなるとオーストラリア製のかごに入れて海中で育てる。波で転がりながら成長するので、丸っこくて深い殻になる。

シングルシードを販売する冨田水産（赤穂市坂越）の冨田虎太郎さんは「小さめであっさりした味なので、生カキは苦手という人でも食べやすいと言ってもらえる」と販路開拓に手応えを感じている。

海底環境を守る

漁場を守る活動も重要な課題の一つだ。疲労回復に効果のあるタウリン、グリコーゲンや亜鉛、ビタミン類など、カキは栄養の塊だが、大

付着物を掃除した後に海中につり直す「活《い》け込み」を終えて水揚げされるカキ＝たつの市沖

食漢ゆえ排出物も多く、放置すると海底の環境が悪化する。

このため、海水が通りやすいように筏の間隔を十分にとり、漁期が終わると筏を移動して堆積物を清掃して漁場を休ませ、リフレッシュさせる。

また、腐敗して漁場劣化の要因にもなる「落ちガキ」対策も進めている。

かごの左側が筏で育てたカキ。右は小ぶりのシングルシード＝赤穂市坂越

室津漁協の生産者、磯部公一さんらのグループは、大きく成長すると海底に落ちてしまうカキを受け止める「落ちがきキャッチャー」を考案。傘を逆さにしたような直径1・5メートルのネットを張ることで、全体の2、3割にもなる落ちガキの多くを失わずに済む。

生産性を高めながら海の環境を守る取り組みは2015年、全国青年・女性漁業者交流大会で農林水産大臣賞に選ばれた。「豊かな海で、ずっとカキを育てられるよう環境保全への意識を高め、森林と海の資源循環を促す取り組みも進めていきたい」。磯部さんは地域の自然全体に目を向ける。

今年は、カキの成長に必要な海水温の低下やプランクトンの良好な成育で、豊作となっている。悩ましいのは、新型コロナウイルス禍による飲食店の需要減だ。一方、スーパーなどで家庭向けに殻付きのカキを販売するなど、新たな消費も広がっている。

殻付きが手に入ったら、ぜひ試してほしいのが酒蒸しだ。広くて浅い鍋に並べたカキをひたす程度に日本酒を注ぎ、火にかける。恵まれた漁場を守る生産者の地道な取り組みを思い浮かべながら、兵庫の自然の力が凝縮された風味をぜひ味わってみてほしい。

Guide

生産者おすすめの食べ方

兵庫各地の特産物を取材していると、生産者や料理研究家の方から、ふだん食べているおいしい食べ方を教えてもらうことがある。その一部を紹介しよう。

岩津ねぎの青白せんぎりサラダ

これは十数年前、無農薬で岩津ねぎを栽培している農家に教えてもらった。青葉の部分、白根の部分のそれぞれを、細いせんぎりにして皿に盛り、ポン酢をかけるだけ。細いために商品にならない規格外の岩津ねぎを持ち帰って、毎日、ビールや日本酒の晩酌の友にしていると話していた。天ぷらや焼き物、鍋など加熱することが多い岩津ねぎの別の味わいがシンプルに楽しめる。

播磨灘のカキの酒蒸し

連載でも少し取り上げたが、より詳しく紹介したい。広くて浅い鍋、すき焼きや焼き肉用のホットプレートなどに殻付きのカキを平な方を上にして敷き詰め、カキがひたるぐらいまで日本酒を入れる。私は、塩が入っている純米料理酒を使っている。

火をかけて日本酒が沸騰してから10分ほどすると食べごろになる。殻が開いたものから、中のスープを飲み干した後に身をいただく。酒蒸しにすると、「1年牡蠣」と言われる播磨灘産のプリプリで濃厚な味わいがよく分かる。

丹波黒大豆の豆ごはん

豆煎器や鉄のフライパンなどで黒大豆が飛び出さないようにしながらしっかり煎る。皮がはじけた豆、米と塩、酒、多めの水を入れて炊くと、ほんのり色づいた丹波黒大豆ごはんができる。

NHKの「きょうの料理」によく出演される料理研究家の白井操さんには、この黒大豆ごはんを、梅酢を手につけておにぎりを作ると、ごはんがピンク色に変身すると教えてもらった。わが家では、この黒大豆おにぎりを、七輪で焼いていただく。

ホットプレートを使った牡蠣の酒蒸し

但馬の春の風物詩、ホタルイカ。
生が手に入れば釜揚げで楽しみたい

ホタルイカ

但馬に春呼ぶ「海の宝石」

午前4時、兵庫県新温泉町の浜坂漁港。気温は0度近いが、風はゆるやかで冬の厳しさはない。海面を明るく照らしながら底引き網の漁船が帰ってきた。次々荷揚げされる発泡スチロールのトロ箱には、但馬の春の風物詩となった水揚げ日本一のホタルイカがぎっしり。そこに、新鮮な浜坂産を示す「浜ほたる」のブランドと船名を記した紙が差し込まれていく。

きっかけは富山の不漁

青白い光を放ち「海の宝石」と呼ばれるホタルイカは、富山県産の知名度が圧倒的に高い。身が大きく、高級品として扱われる。一方、スーパーの売り場に並び、酢みそあえなど手軽な晩酌の友として味わえるのは、兵庫県産が多い。

兵庫が全国で最も漁獲が多いことは、地元でもあまり知られていない。本格的な漁獲が始まったのは三十数年前のことだ。なぜ、これほど漁が盛んになったのか。きっかけは富山湾での不漁だったらしい。

兵庫県但馬水産技術センターによると、1984年4月、豊岡市の津居山漁港の底引き網漁業者が小さなイカを水揚げした。当時はホタルイカという名前も知られていな

この日はホタルイカを詰めたトロ箱が2千箱以上、水揚げされた
＝兵庫県新温泉町芦屋、浜坂漁港

かったそうだが、情報を聞きつけた富山県の仲買人や加工業者が仕入れた。以来、但馬の漁業者の関心が一気に高まる。

日本一の漁獲量

今では津居山のほか、兵庫県香美町の柴山、香住、新温泉町の浜坂、諸寄の漁業者にとって、マツバガニの漁期が終わる3月から5月の中心的な魚種となっている。同センター主席研究員の大谷徹也さんは、兵庫が漁獲日本一になった主な理由を三つ挙げた。

一つ目は、但馬には香住を中心に水産加工業者が多いこと。新鮮なうちにゆであげる設備や冷凍する技術は、鮮度が落ちやすいホタルイカをおいしく味わうために欠かせない。二つ目は専用の網や漁法が開発されたこと、三つ目は豊富な資源量という。

「まだまだ謎が多いのですが、生息域の中心はこの但馬沖などの山陰なのではないか、と思っています」。大谷さんは日本海の構造について説明を始めた。

図1　日本海の断面図

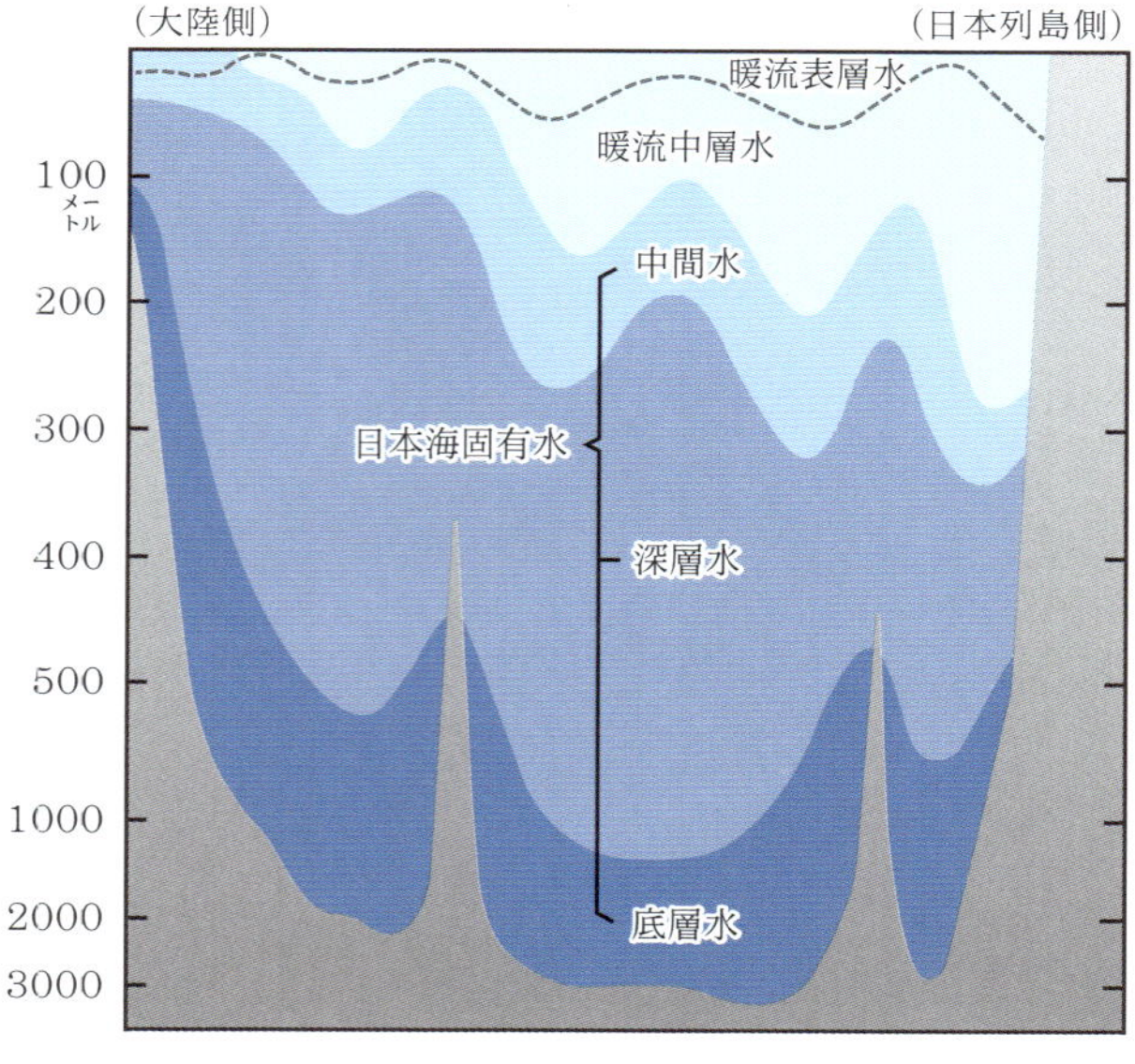

暖流と冷水の間を泳ぐ

図1は、深い風呂桶のような日本海を輪切りにしたイメージ図で、最大水深は約3800メートルもある。大半は水温1度以下の冷たい海水だ。一方、海面近くには暖かい対馬暖流が流れている。ホタルイカは、その間の水深180~240メートルを遊泳しているそうだ。

春になると、産卵のために日本列島に近い浅い海に移動し、このとき

図2　兵庫県の底引き網漁船が操業するホタルイカ漁場

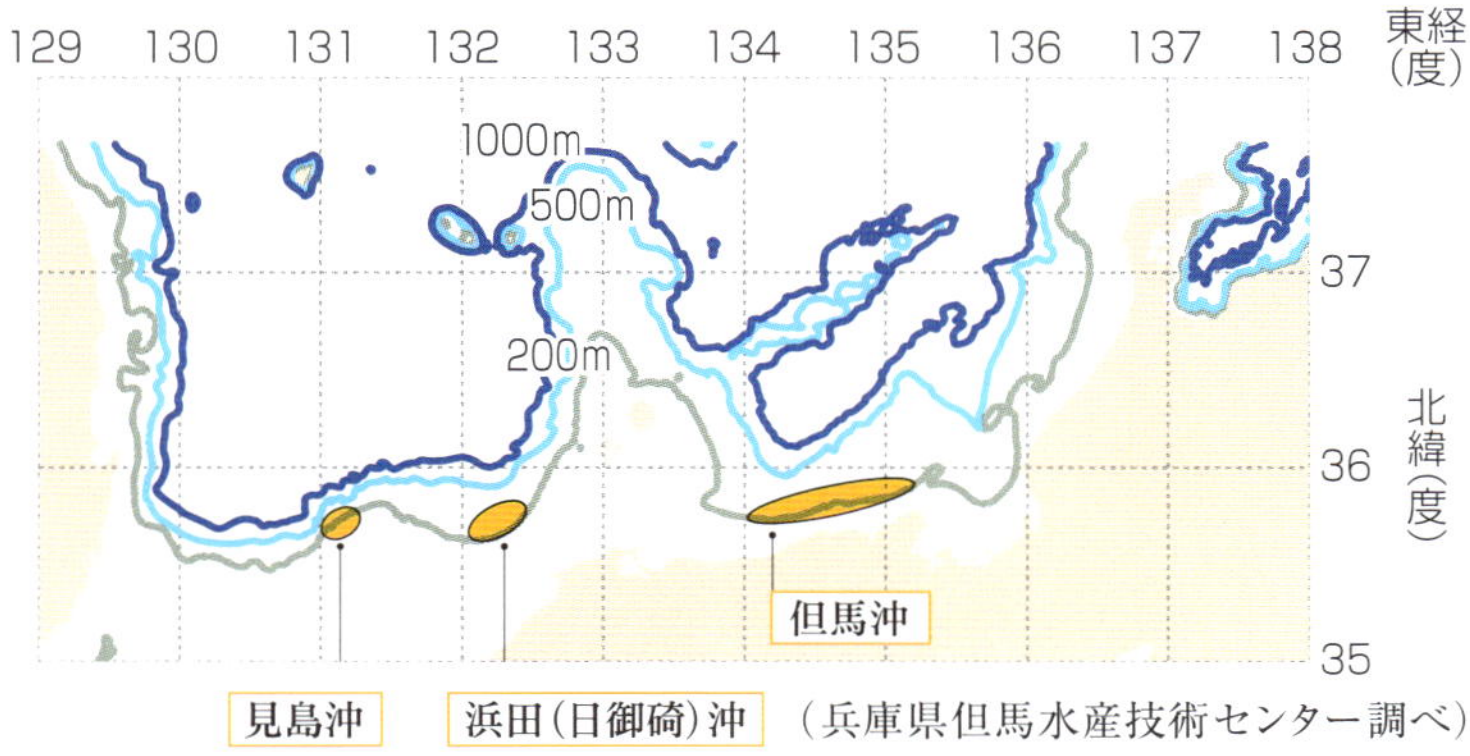

（兵庫県但馬水産技術センター調べ）

に漁獲される。図2の黄色の部分は、兵庫の底引き網漁船の漁場を示す。深い海と浅い海の境目が山陰沖にたくさんあることが分かる。

資源量に恵まれた新しい食材を地域の特産に高めた地元の取り組みも、漁獲日本一の要因として忘れてはならない。

20年前に取材で訪れた際、女性たちが調理法や加工品づくりに試行錯誤していたのを思い出す。課題は大きい目の処理だった。ゆでると固くなり、歯の間にはさまってしまう。

解決策として2004年、但馬水産技術センターの森俊郎さんが開発したのが「目玉除去機」だ。洗濯機のようなもので、回転式の水流に投入すると「1回に8キロ分を3分で処理できる」という。

凍結処理で刺し身も

産地では今も付加価値を高める取り組みが続く。水揚げ日本一の浜坂漁協ではプロトン凍結という手法で細胞の破壊を防ぎ、鮮度とおいしさを損なわない「浜ほたる」を直販している。

ホタルイカはサバなどと同様、内臓に寄生虫がいるので通常は生で食べられないが、零下40度以下で40分以上凍結処理すれば刺し身も楽しめる。組合長の川越一男さんは「暖かくなって漁獲量が増えてきた。生の風味も味わってほしい」とアピールする。

おすすめは釜揚げ。沸騰したお湯に30秒以上入れて、ふっくら紅色になれば食べごろだ。まずは何も味付けせずに、甘味とうま味を

青白い光を放つホタルイカ（須磨海浜水族園提供）

楽しみたい。

浜坂名物の「ほたるいか祭り」は毎年4月上旬に開催、香美町でも、町内の飲食店で料理イベントの開催を予定している。

ホタルイカは日本海側や北海道沿岸など、意外に多くの分布域が確認されており、各地で特産化を進める動きがある。だが、兵庫ほど発展したところはない。

特産物は昔からあったわけではない。何かのきっかけで誰かが始め、地域の人々の情熱によって育まれる。

それが持続可能な形であれば、世代を超えて続いていく。兵庫のホタルイカをめぐる人と自然の営みは、テロワールと食文化のストーリーの原型を同時代で体験させてくれる。

タケノコ

美しい竹林に春の息吹

よく手入れされた竹林は明るく、風がよく通る。竹同士の間隔は1間（約1・8メートル）ぐらい。日差しが入るよう、まだ柔らかい成長途中に揺さぶって先端を折ったり、切ったりして高さが抑えられている。タケノコの産地として知られる西播磨の太市《おおいち》（姫路市）や松尾（兵庫県太子町）には、竹林を管理するための技術が受け継がれている。

よく手入れされた竹林。中央の竹には、平成28年生まれを示す文字が刻まれている＝姫路市西脇

トンガという専用の道具を使ってタケノコを掘り出す篠本忠美さん＝姫路市西脇

「味の太市」

JR姫路駅から発する姫新線の太市駅で降りて、西へ5分歩いたところに太市筍《たけのこ》組合の加工出荷施設がある。

江戸時代末の嘉永《かえい》年間（1848～54年）に孟宗竹《もうそうちく》を移植したのが始まりといわれ、「器量（姿）は山城（京都）、味の太市」と称されるほどの名産地だ。栽培面積は53ヘクタールで年間120トンを生産する。

施設の前には、早くから朝掘りを持ち込む生産者の軽トラックなどが並ぶ。計量などの後、姫路、明石、神戸の市場に出荷されるほか、5月上旬まで直売もしている。水煮して缶詰に加工され、いつでも新鮮な風味が味わえる。

ゆで上げたタケノコを缶に詰める
＝兵庫県太子町松尾、松尾農産加工組合

竹に記された数字

木漏れ日が照らす青竹の凛《りん》としたたたずまい。雨の後、あちこちから姿を現すタケノコ。春の生命力の息吹を感じさせてくれる竹林の空間は、日本の原風景の一つだとあらためて思う。

手入れが行き届いた竹林であることを物語るのが、竹の表面に刻まれた数字だ。タケノコから竹になった後に生産者が記す生まれ年で、「30」や「平三十」は平成30年生まれを指す。

「古くなった親竹の周りはタケノコが生えなくなる。出てから5～7年くらいで伐採するのが理想です」と話す太市筍組合長の篠本忠美さんは、竹の表面を傷つけたくないのでペンで年号を記すそうだ。

寿命を迎えた親竹を切ると、新しい親竹をつくる必要がある。次の親竹に選んだタケノコのそばには、地面に印となる枝が刺されている。

「他の親竹との間隔も見ながら、真っすぐに伸びそうで土の中に成長のじゃまになる根がないかを調べ、選びます」

若々しさを保つ

受け継がれる竹林を管理する技術の話を聞いていると、毎年親竹を更新して若々しさを保つ手入れこそが、良質のタケノコを生み出す「テロワールの基本」であることが分かる。

白く美しい良品を育てるには、冬の土入れも欠かせない。林内の斜面の土を削って地面に満遍なくかぶせていく。この作業によって、柔らかくてきめ細かく、あくの少ないタケノコを育むことができる。

だが、近年は高齢化や生産を不安定にする気候変動などによって、代々続けてきた竹林の管理が難しくなっている。

太子町松尾地区でも同じように住民が組合をつくって、生産から缶詰加工までを営んでいる。戦後の食糧難の時代に地域所有の山に孟宗竹を移植したのが始まりで、一部は京都や関東に流通しているという。

ただ、最近は手入れの遅れで更新のサイクルが滞り、暗いやぶになってしまった竹林が増えている。「伐採しても重い竹の運搬は高齢者にとって大変で、使い道もない。タケノコの需要はあるんですが…」と松尾農産加工組合長の井上一幸さんは厳しい表情で語る。

用途をプラスチックなどに奪われ、荒廃してしまった竹林は、農村共通の社会問題となっている。

掘らずに新しい親竹に育てられるタケノコ＝姫路市西脇

そうした地域の現状を知って、有効活用しようという動きも出てきた。

カキ筏と有機肥料

同じ西播磨のたつの市でカキ養殖を営む「公栄水産」では、カキを海につるして育てる竹筏《いかだ》の地産地消に取り組んでいる。

赤穂から高砂までの広い地域で、年々生産量を増やしているカキ養殖。使われる筏の材料となる竹のほとんどは、九州など県外から運ばれてくるが、公栄水産では4年前から市内の孟宗竹に切り替え始めた。

「石油の高騰で運賃も値上がりしている。地元で資源を循環させれば、漁業者も竹に悩む地域も、ともにメリットがある」と代表の磯部公一さんは話す。

このほか、竹をチップにして有機肥料にする動きも広がる。輸入天然ガスを原料とする化学肥料の急騰を背景に、農林水産省は地域資源を生かした肥料への切り替えを「緊急転換事業」で後押しする。竹はその有望な候補の一つだ。他に類を見ない成長力や素材としての価値が、再び脚光を浴びつつある。

カキ筏や肥料という新たなニーズと竹林をつなぐことによって、生まれた里と海の新しい資源循環は、タケノコ産地が続くための「型」づくりのモデルとなるだろう。地域の産業を結びつけ、美しく豊かな竹林を次代につなぐ。そんな地域デザインを描きたい。

地元の孟宗竹を生かして組まれたカキ養殖用の竹筏＝たつの市御津町室津沖の播磨灘

冬はスキー場になる草原で放牧される但馬牛
＝兵庫県新温泉町、但馬牧場公園

但馬牛

人、牛、草原…千年の物語

4月半ば、まだ雪が多く残る兵庫県美方郡新温泉町の上山高原は山開きの日を迎えた。地元住民らが「山焼き」の火を入れると、炎の輪がなだらかな山肌に広がっていく。黒い焼け跡はやがて新しい草に覆われ、夏になると但馬牛が放たれる。テロワールの視点で食文化を捉え直す連載で、兵庫が世界に誇る和牛の源流「但馬牛《うし》」と、人と草原との千年の歴史に分け入ってみたい。

上山高原の挑戦

　鳥取県境に近い標高約９００メートルの上山高原では、住民らでつくるＮＰＯ法人「上山高原エコミュージアム」が町や県などと、ススキなどの復活に取り組んでいる。対象は約４００ヘクタール。硬いササや低木の刈り取りとともに「山焼き」は草原再生に欠かせない。

　こうした活動の源には、地元の高齢者が記憶する広大な草原の風景がある。

「スギなどの人工林に覆われた今とは全く違います。山の上まできれいな草原が続く場所があちこちにあった。てっぺんを越えると反対集落の草原に出た」。ＮＰＯ顧問の小畑和之さんは、戦後の子どものころ、放牧された但馬牛や焼き畑の煙をふもとからよく見上げていた。

　神戸ビーフなどの素牛《もとうし》である但馬牛の原産地、美方郡（新温泉町、香美町）を取材すると、人と牛の営みによって形づくられてきた草原の物語に行き着く。

火入れと放牧

「草原は自然にできるのではありません。牛が草を食べ、人がかやぶきなどに活用することで続いてきた」。兵庫県立淡路景観園芸学校の主任景観園芸専門員の澤田佳宏さんは説明する。

　山間地域で物資の運搬や農耕で但馬牛に働いてもらうには、山地の半分くらいを草原にする必要があった。もう半分は、調理や暖房の燃料を得るためのブナなどの薪炭林だった。

　だが、化石燃料と電気が一気に普及する昭和30年代のエネルギー革命と車や農業機械の普及によって、草原と薪炭林は価値を失い、代わって建築用のスギなどが植林される。

　また、牛は肉牛専用となって輸入飼料中心の牛舎飼いの時間が長くなる。人と牛と草原との関わりは薄れ、千年にわたる資源循環は失われた。

鎌倉期から高評価

　草原が残る場所は、今ではスキー場などごく一部に限られている。その一つ、兵庫県立但馬牧場公園（新温泉町）に但馬牛博物館がある。

　但馬牛は、平安時代初期に編さんされた「続日本紀」に登場する。館内に展示されている鎌倉時代に書かれた「国牛十図」（複製）を見れば、車を引く牛として既に高く評価されていたことが分かる。「皮の薄さや骨の細さなど、体のラインがすっきりとした但馬牛の特徴は今も変わりません」と副館長の野田昌伸さん。

博物館では、全国各地の99・9%の黒毛和牛が但馬牛の血統を受け継いでいることを詳しく解説している。その流れが進んだのも、戦後のエネルギー革命の時期だった。

全国の農耕用牛や軍用馬の産地では農業の転換が迫られ、肉用牛産地をつくるため、但馬牛の血統の導入が一斉に広がった。

岩手県奥州市にある、国内唯一の牛をテーマとした「牛の博物館」は、そうした全国の農村で起きた但馬牛をめぐる歴史を詳細に伝えている。

草原の自然再生のため、毎年春に行う山焼き＝兵庫県新温泉町、上山高原

館内には、美方郡から導入された「和人」「恒徳」「菊谷」といった但馬牛の名牛についての詳しい展示がある。

館長補佐の川田啓介さんは「前沢牛など岩手の和牛ブランドを築いた但馬牛のDNAは、種雄牛に受け継がれています。和牛の源流としての但馬牛をテーマとした企画展を、7月から開く予定です」と話す。

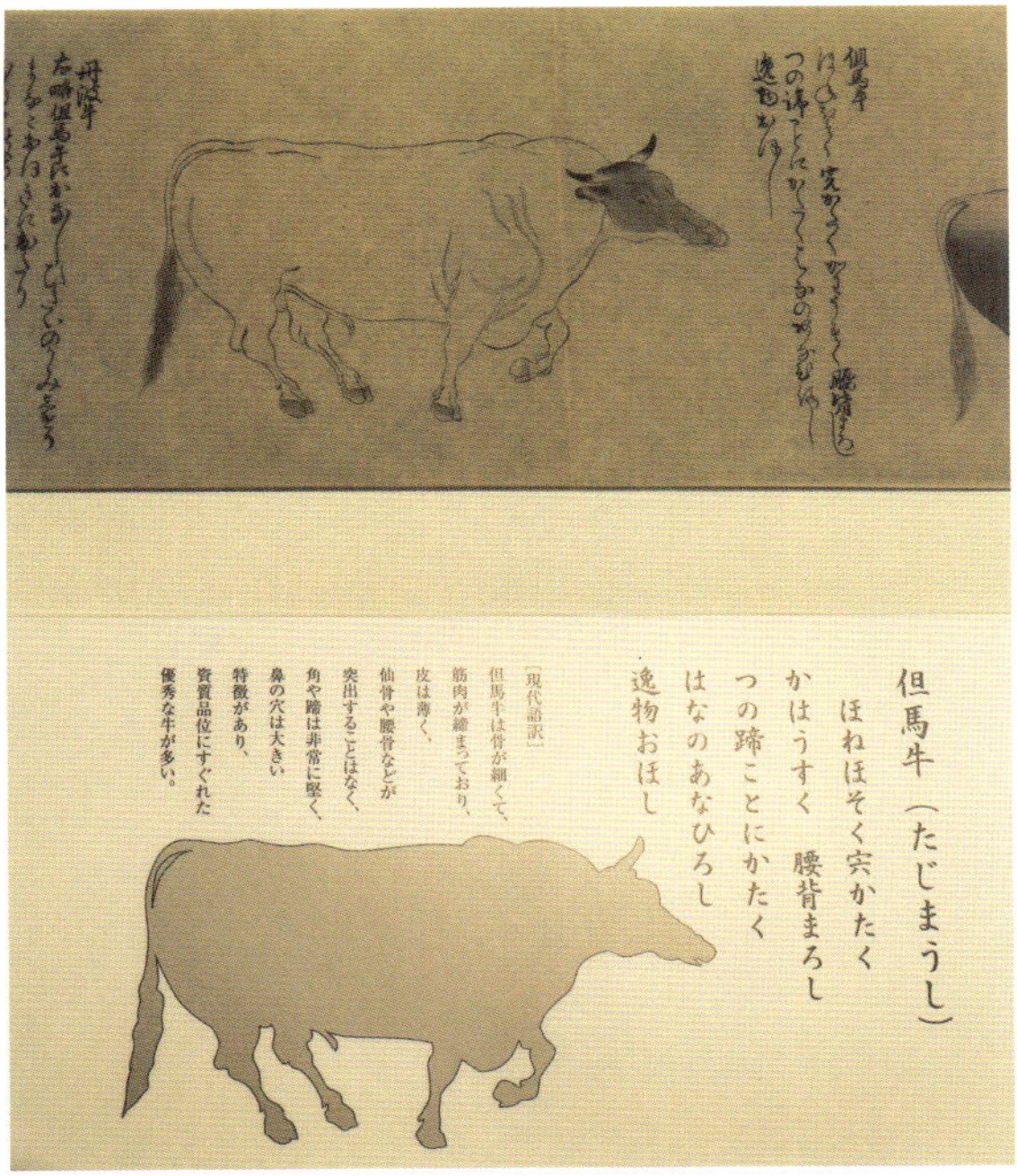

鎌倉時代の国産牛の図説「国牛十図」（複製）で紹介された但馬牛（但馬牛博物館提供）

イヌワシ舞う風景

明治時代には、国土の3割を占めたという草原が1%まで減った結果、草原で繁栄してきた動植物たちが絶滅の危機に直面した。貴重な高山植物やチョウなどの昆虫、ウサギなどの小動物で、その頂点に立つのがイヌワシだ。

全国各地で草原の生態系の保護に向けた取り組みが広がる中で、その環境を形成してきた人と牛と草原の歴史が、あらためて注目されている。

一方、耕作放棄地での放牧は牛の健康向上はもちろん、獣害対策にもなる。こうしたメリットから、農業の世界でも、牛と草原とのつながりを見直す動きが強まる。

「環境」や「農政」など行政組織の縦割りを超え、草原再生へのビジョンが話し合われたのが、2016年に上山高原で開かれた全国草原サミット・シンポジウムだった。

「人と草原　イヌワシが舞い　但馬牛があそぶ」をテーマとしたシンポでは、イヌワシの保護や草資源の農業利用、かやぶき文化などさまざまな視点で草原の価値を捉え直し、復活への方策が話し合われた。

今年、兵庫県がイヌワシの保護に不可欠な草原再生と餌のウサギの増殖に向けて始める「但馬イヌワシ・エイドプロジェクト」では、生物のほか、林業や観光の担当者も加わったプロジェクトチームがつくられる。

上山高原再生のモニタリングを続ける神戸大学名誉教授の武田義明さんは「産業、観光、生態系などトータルに草原の価値を共有しながら自然環境の魅力を高め、若い人の力を引き込むようなことが必要」と指摘する。

のんびりと草をはむ牛たちの力を借りることで千年以上続いてきた草原の風景は、人と自然の共生の原形であり、今求められる持続可能な循環型社会のベースになりうるものだ。新しい草原文化の流れを、和牛の源流である兵庫から育みたい。

岩手県の和牛ブランドを築いた但馬牛の展示が並ぶ「牛の博物館」＝岩手県奥州市前沢

Guide

但馬牛と 9つの兵庫ブランド牛

連載でも紹介したが、日本全国のほぼすべてのブランド和牛は、兵庫県原産の但馬牛をルーツとしている。血統を守り続ける但馬牛を素牛としてブランド和牛を肥育している兵庫県内には、世界でダントツの知名度を誇る**「神戸ビーフ」**のほか、８つの地域ブランド和牛がある。

但馬牛の原産地である兵庫県美方郡の農家が肥育した但馬牛の一部は、**「湯村温泉但馬ビーフ」**として販売されている。

但馬地域で育てられた「本場但馬牛」では、長期間肥育された味の濃い**「本場但馬経産牛」**が売り出されている。

本書でも取り上げた西脇市黒田庄町の特産**「黒田庄和牛」**は、酒米の最高峰、山田錦の稲わらなどを与えて育てられている。

ＪＡ丹波ささやまは、特産の丹波黒大豆枝豆やヤマノイモなどとともに、**「丹波篠山牛」**を地域ブランドとしてアピールしている。

古くから知られる**「三田牛」**は、三田近郊の肥育農家に育てられ、出荷される大半が雌であることが大きな特徴だ。

姫路市など西播磨地域で育てられた姫路和牛のうち、但馬牛を素牛とするものは、**「プレミアム姫路和牛」**と称されている。

加古川市とその近隣市町で育て上げられた但馬牛は、**「加古川和牛」**という名称の和牛ブランドとしてアピールされている。

淡路島では、多くの肉用牛が育てられているが、その中でも但馬牛を肥育した最高の地域ブランドを**「淡路ビーフ」**として発信している。

但馬牧場公園のゲレンデから見た但馬牛原産地の美方郡の山々

たわわに緑の実をつけた朝倉山椒
＝いずれも養父市八鹿町

朝倉山椒

家康も好んだ天下の名産

初夏、朝倉山椒は最初の収穫シーズンを迎える。緑鮮やかな大粒の実は爽やかな柑橘《かんきつ》の香りと味わいがあり、辛みが舌を軽くしびれさせる。徳川家康をはじめ大名たちに好まれた天下の名産品。養父市の発祥の地で絶えかけていた伝統の薬味は地元住民の手によって復活を遂げ、千年に及ぶサンショウ文化の歴史の「発掘」作業も進んでいる。

トゲなく、大粒の実

5月中旬、養父市八鹿町朝倉などで「朝倉山椒ファンクラブ」の収

収穫したばかりの朝倉山椒

穫や交流会が開かれた。戦国時代に北陸の越前、今の福井県で勢力を誇った朝倉氏はこの地区の出身だ。1万5千円のAコース会員なら、1本に5キロの実がつくというサンショウの木のオーナーとなり、好きなだけ持ち帰ることができる。朝倉山椒は1キロ6千円にもなるだけに、お得といえる。

「普通のサンショウなら1房に30～40粒。ここのは70～100粒ついてます」。神戸や岡山から来たオーナーらに取り方を教える、ファンクラブ会長の才木明さんは胸を張る。

園芸の世界で、朝倉山椒はサンショウの代名詞といえるほど広く知られた存在だ。最大の特徴はトゲがないこと。野生に近い品種はしっかりした手袋がないと収穫の際に手が傷だらけになってしまうが、朝倉山椒はその心配がない。

数本の木からの再生

養父市内には現在、耕作放棄地などを活用した朝倉山椒の畑が点在しているが、本家本元の朝倉地区で栽培が絶えかけた時代もあった。昭和50年代のことだ。

江戸時代の古文書に栽培の様子が記載されているサンショウの木々は、大正時代以降に次々伐採され、跡地にスギやヒノキが植林された。「集落全体でも数本になっていた」と才木さんは振り返る。サンショウは栽培が難しく、3年で枯れてしまう木もある。このため根の強い木に接ぎ木をして育てるのだが、そのノウハウも失われていた。

1977（昭和52）年、才木さんら地元住民が復活に向け、地元

朝倉地区の史跡を紹介するマップ

の高齢者から接ぎ木栽培について聞き取りを始めた。兵庫県の八鹿農業改良普及所（当時）と連携してマニュアルを作成し、本格的な苗木作りがスタート。山に分け入って採取した野生のサンショウに、朝倉山椒の実がなる穂木を接いでいく。「最初は成功率30％。70〜80％になるまで20年かかった」

こうしてたくさんの実をつける木を選んで苗木を作る技術が完成し、今では但馬各地でDNAを受けついだ1万6千本が栽培されている。順調に生産を増やした朝倉山椒は、養父市の全額出資会社「やぶパートナーズ」によって国際博覧会などに出展され、イタリア、フランス、ドイツなどの国々へ輸出されるようになった。国内ではデザートのほか、ジンや日本酒に入れて味わうなどさまざまな形で利用する動きが広がる。

平安時代の和歌にも

産地復活とともに始まったのが、風化していた朝倉山椒の歴史の「発掘」作業だ。元養父市職員で、ひょうごの在来種保存会会員の茨木信雄さんらは6年ほど前から研究会をつくり、古文書調べを進めている。

「整腸や食欲増進のための漢方薬などとして利用されていたようで、驚くほどたくさんの文献に登場します」と茨木さん。

2021年3月に発行された『朝倉山椒とその風土』（耕作放棄地解消推進グループ　やろう会）によると、和歌や書物などで確認できる最も古い記録は平安時代にさかのぼる。

養父市教育委員会の谷本進さんによると、記述は戦国時代の終わりごろから増え始め、「江戸初期の『将軍記』では、1586年に豊臣秀吉が焦がしたサンショウを白湯にふりかけて飲み、風流だと喜んだと記されています」という。

生野銀山の盛衰をつづった古文書「銀山旧記」には1611（慶長16）年、生野奉行の間宮直元が徳川家康に献上し、大変喜ばれたと書かれている。その後、出石藩、篠山藩、福知山藩などから定期的に将軍家に献上されたことで天下の名産品となり、風刺を効かせた狂歌の季語に用いられるなど一般大衆にも広がっていった。

牧野富太郎が登録

朝倉山椒が、正式な品種として

ファンクラブ会員の指導に当たる才木明さん（右）

登録されたのは明治時代のことだ。1877（明治10）年、東京大学の初発刊物である小石川植物園の植物一覧に登場する。記述を担ったのは「花粉」「雄しべ」などの用語を考案した日本初の理学博士、伊藤圭介だ。

さらに1912（明治45）年、日本の植物学の父と称され、2023年のNHK連続テレビ小説「らんまん」のモデルに

秋になると実が赤く色づく

なった牧野富太郎が、学会に「アサクラザンショウ」と登録した。

茨木さんらによる古文書の調査を経て今では、原産地は養父市八鹿町今滝寺、発祥の地は同町朝倉とされる。「いつからトゲがないのかなど、朝倉山椒の歴史発掘はまだ途上です」と茨木さん。〝日本最古の香辛料〟ともいわれる名産品はどのようにして、日本の食や健康の文化に深く定着してきたのか。多くの人の探究心によって、さらに実像が明らかになっていくだろう。

石井さんが１匹ずつ丁寧に釣り上げるアジ＝南あわじ市沼島沖

沼島のアジ

手釣りで守る黄金の魚体

「きたっ」。小雨の朝、一本釣り漁師の石井和夫さんが指先で手応えを確かめながら、糸を引き上げる。掛かっていたのは大きくてふっくらしたアジだ。「晴れの日は体がきれいに光る」という。口元を針外しに当てると、魚体が滑り台のようなパイプを通っていけすに収まった。南あわじ市、沼島の一本釣り漁師たちは、独特の味わいを持つアジの体を傷めないよう、一度も手に触れることなく釣り上げる。

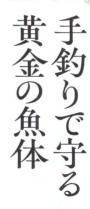

沼島は淡路島の南4キロに浮かぶ周囲10キロほどの島だ。西には渦潮で有名な鳴門海峡、東には紀淡海峡があり、南に太平洋とつながる紀伊水道が広がる。

　淡路島との間には、関東から九州まで延びる中央構造線が通り、地質は淡路島以北と全く異なる。緑や赤の結晶片岩が産出され、世界でも珍しい「さや状褶曲《しゅうきょく》」や国生み神話の上立神岩がある、地形・地質の資源が豊かな島だ。

　淡路島の土生港との間で、1日に10便の沼島汽船が行き来する。人口約400人のうち漁業者が100人近い漁業の島で、タイ、ハモと並ぶ島の自慢が「黄アジ」と呼ばれるマアジだ。4〜9月ごろが漁獲シーズンという。

肉厚な「瀬付きアジ」

　私たちが普段食べる一般的なアジは餌を追って、大群で泳ぎ回る。体は細長く全体に黒っぽい。

　一方、沼島のアジは周囲の岩礁などに居着く。豊富な餌を食べ、激しく動き回ることもないので体が丸みを帯びて肉厚だ。「脂がのって色つやが良く、魚体は金色がかっている」と石井さん。小さなサイズの方が金色はきれいに出るそうだ。

勾玉《まがたま》のような形といわれる沼島。国生み神話の「オノコロ島」という説もある

「ぬしま鯵《あじ》」ブランドのタグがつけられた一本釣りのアジ

この種のものは、日本の一部の内海や内湾で見られ、「瀬付きアジ」「根付きアジ」、あるいはその色から「黄金アジ」「金アジ」とも呼ばれている。富津（千葉）、倉沢（静岡）、萩（山口）、三瓶（愛媛）などの地域では、

ブランド化に取り組んでいる。

沼島のアジは、関西ではあまり知名度が高くない。というのも、ほとんどが東京に出荷されているからだ。

築地で半世紀前から

この特別なアジの価値を見いだしたのは半世紀ほど前、全国の魚を扱う東京・築地市場の関係者だったようだ。

2020年9月に現役を引退した東京・新橋の「第三春美鮨」のすし職人、長山一夫さんが著した『江戸前鮨 仕入覚え書き 増補』に、沼島のアジとの出合いや魅力が詳しく記されている。

昭和40年代後半、東京湾や相模湾でヒラアジ（キアジ）の入荷が減っていたころ、淡路の荷受会社が築地に持ち込んだ沼島のアジが評判になった。全国各地から集まるものとは一味違っていたという。長山さんは1987（昭和62）年、鮮度の良さとうまさの秘密を解明しようと、沼島を初めて訪れた。そこで一切魚体に手を触れない一本釣り漁師の繊細な漁の営みと、海水と氷を生かす荷受会社の浜締めなど、魚を扱う高い技術に驚いた。

魚の見方やうまさのとらえ方、仕入れの考え方の原点となったという旅を経て、沼島のアジについて客に正確に伝える料理人としての役割を強く自覚した、と著書に書き記している。

温暖化と海の栄養減

沼島のアジは今も、東京のすし店などで高級魚として人気がある。島では40人ほどが一本釣り漁の伝統を受け継いでいるが、近年は海の異変と漁獲量の減少に悩まされている。

「去年も捕れんかったが、今年も6月途中から減っている。例年の4分の1くらいの感覚」

前述の漁師、石井さんたちが感じる異変の一つは温暖化だ。瀬戸内海特有の冬の季節風が弱い年が多く、海水温が下がらない。南の海の魚を見ることも増えた。もう一つの気掛かりは海がきれいになりすぎていることだ。下水処理で陸地の窒素やリンなどの栄養分が海に供給されず、この状態が続くと海の生態系は痩せ細ってしまう。

直接出荷する若手漁師グループ「沼島一本釣り産直部」の代表の上野宏文さんは「今は漁獲が不安定

で、注文があっても十分に応えられない状態。ほんまは地元の神戸、関西に広げたいが…」と話す。

料理店「水軍」で調理してもらった刺し身。食べるには予約が必要だ

上品なうまみと甘み

沼島の料理店「水軍」で刺し身をいただいた。口の中で脂が溶け、上品なうまみと甘みが広がる。「1日寝かせると、うまみと甘みが強くなる」とオーナーの谷口正三さんはほほ笑む。

1匹ずつ手で釣り上げられる身を味わいながら、魚本来のおいしさを食べる人に丁寧に届けようとする、兵庫の漁業者たちの伝統技術と豊かな海のテロワールを代表する魚だと、あらためて実感する。

沼島のアジと一本釣りの文化が続いていくためには地元兵庫の人々が味わい、瀬戸内海の再生に向けた新しいつながりが生まれることが必要だと思った。

夕方、巣塔でたたずむひなたち＝豊岡市内（岡治さん提供）

コウノトリ育むお米

日本一の有機無農薬産地

豊岡市の水田地帯「六方《ろっぽう》田んぼ」にある巣塔から、親鳥を呼ぶコウノトリのひなの声が夕闇の集落に響く。住民は「今のつがいでは初めての巣立ちです。あと数日で巣を出るでしょう」と旅立ちの日々を見守る。但馬では今年、約30羽が巣立った。2003年、0・7ヘクタールの田んぼで始まった「コウノトリ育むお米」の栽培は、今では600ヘクタールにまで広がり、日本一の有機無農薬米産地と言われるまでになった。

生態系の力を生かして育てたＪＡたじまの「コウノトリ育むお米」＝豊岡市内

コウノトリ育むお米(コシヒカリ)栽培こよみ　主な作業

11～2月	冬みず田んぼ 終了前にトロトロ層の形成確認
5月	代かき、田植え、米ぬかなど散布
6月	深水管理（8センチ以上の水位維持)、機械除草や手取り、生き物調査
7月	オタマジャクシのトノサマガエルへの変態を確認して中干し開始
8月	高温時には夜間に水をかけ流し、地温を下げる
9月	稲刈り

一度絶滅した鳥を人が暮らす農村で復活させる―。世界でも例を見ない「野生復帰推進計画」は2003年にスタートした。肉食で大食漢のコウノトリが生きていけるように河川、農地、里山など自然全体を再生するプロジェクト。成功のカギは、絶滅の要因となった農薬や化学肥料に依存する稲作の転換だった。

害虫を食べてくれるカエルやクモ、トンボなどの水田生物を増やし、除草剤を使わず雑草を抑える。農法確立の20年の歩みが詰まった「栽培こよみ」=表=には、農家がすべき1年間の作業がびっしり記されている。

「冬みず田んぼ」

基本は「冬みず田んぼ」で、「冬期湛水《たんすい》」とも呼ばれる。稲作では田植えの春に水を張るのが一般的だが、コウノトリ育む農法では、11月ごろから田んぼの排水口を閉じて水をためる。

すると稲わらなどが分解され、イトミミズなどの活動によって田んぼにクリーム状の「トロトロ層」ができる。微生物が豊富な数センチの層は水田雑草の発芽を妨げ、稲への栄養供給でも大きな役割を果たす。

コウノトリ育む農法アドバイザー研究会会長の成田市雄さんは、このイトミミズの重要性を指摘する。「1平方メートル当たり3千匹なら抑草が可能。1万匹なら肥料が要らなくなるとされている」

田植え後の米ぬか散布は雑草を抑える技術の一つ。また、生き物たちへの配慮から、根の活性化などを目的に田んぼを一度乾燥させる「中干し」を遅らせるルールも生まれた。田んぼで育ったオタマジャクシがカエルになり、ヤゴがトンボになるのを待つためだ。

生産拡大とともに、専業農家や農協はブランド化と販路開拓を進めてきた。JAたじまは、日本農林規格（JAS）の有機認証、無農薬、減農薬の計約1240トンを首都圏や関西圏、沖縄のスーパーや生協、さらに海外にも販売している。

だが、この数年は高齢化などで生産者、面積ともに頭打ちとなり、無農薬米へのニーズに十分応えられなくなっている。一方、コウノトリたちは北海道から沖縄、韓国へと飛来して驚かせ、各地で環境再生と生態系に配慮した稲作への転換を促す〝先導役〟となっている。

ため池は若鳥の楽園

野生コウノトリの生息数は2022年300羽を超え、繁殖地は京都、島根、栃木など9府県に広がった。注目を集めているのは、若鳥たちが大挙して訪れている加古川流域だ。東播磨や北播磨は、全国一の2万2千のため池がある兵庫の中でも大型のため池が多く、水を抜く冬になると魚などを食べに集まっている。

冬期湛水《たんすい》した水田で、消化液を散布する豊倉町営農組合＝加西市内

豊岡市立コウノトリ文化館館長の稲葉一明さんは「独身の若鳥たちが、県外にいる仲間を誘いながら来ている」と笑う。

冬は若鳥たちの楽園となるため池も、水が張られる春以降は姿が見られなくなる。一方、コウノトリに魅了された人々による地域定着を目指したさまざまな試みが始まっている。

SDGsの日本酒に

加西市の豊倉町営農組合は、2020年から地域資源を循環する「ローカルSDGsの日本酒づくり」に取り組んでいる。冬みず田んぼを基本に殺虫剤、除草剤なしで酒米山田錦を栽培。雨が少ない播磨では困難、とされてきた冬みず田んぼが可能であることを示した。

冬みず田んぼの改善や黒大豆栽培に取り組む村上彰さん＝朝来市内

組合長の田中吉典さんらは、エネルギー消費の面からも冬みず田んぼを評価する。軟らかいトロトロ層ができると、稲作の常識だったトラクターによる数回の耕運が不要となる。また、食と農の廃棄物の発酵で得られる「消化液」を微生物の活力として与えるほかは、肥料は使わない。「稲作のエネルギー利用を4割削減し、地球環境への負担を減らす」とうたう、2年目の日本酒「環《めぐる》」は9月半ばから発売される。

再びカエルの目線で

コウノトリの飛来や繁殖で盛り上がる播磨や淡路、県外の福井や、徳島の動きを横目に、朝来市でコウノトリ育むお米を育てる村上彰さんは「生態系を育む」という原点に立ち返って、新たな取り組みを進める。

村上さんは近年減っていると感じるトノサマガエルに配慮して、冬みず田んぼを見直した。水を入れて池のようにしてしまうと冬眠の場所がなくなるのではと考え、雨水だけをためるようにした。

さらに、稲作の隣で栽培する黒大豆畑の畝を冬眠用に残すようにした。春に耕す大きな畝から、たくさんのカエルたちが出てくる様子を見て手応えを感じている。「3年畑作をすると水田雑草は生えてこない。雑草対策のためにも黒大豆のメリットに目を向けたい」

コウノトリと生きようと決めた人々がつむぐ「農」の物語は、空によみがえったこの鳥がいざなう、新しいテロワールを形作りながら続いていく。

Guide

「沼島のアジ」を食べるには

半世紀前、東京・築地市場の関係者に見いだされた「沼島のアジ」。上品な甘みとうまみで知られる黄金色をおびた貴重なアジは、東京・豊洲市場で高級魚として人気で、関東の高級料亭、高級寿司店に流通しているという。

淡路島南の沼島周辺の独特の地形と豊かな海、漁業者の丁寧な取り扱いから生まれる夏の味覚は、ぜひ沼島に足を運んで味わってみたい。

人口約400人の漁業の島である沼島には数は少ないが旅館や料理店がある。

「料理旅館木村屋」(0799・57・0010)、「漁師の店あさやま(民宿、食事処)」(0799・57・0920)、「民宿・割烹　しらさき」(0799・57・0443)、「漁師料理　水軍(海鮮料理店)」(0799・57・0338)などでは、特産のハモやマダイとともに沼島のアジを味わえる。ただし、天候などから沼島のアジの漁獲量が少ない時もあるので、事前に確認して、予約することが必要だ。

沼島のアジは、鳴門海峡に面した淡路島側の南あわじ市内のホテルやレストランでも扱っている場合がある。

土生港から汽船で10分

沼島へは、淡路島側の土生港から沼島汽船が運航している。所要時間は10分で、運賃は大人片道480円。

沼島は、国生み神話ゆかりの上立神岩《かみたてがみいわ》をはじめとする奇岩で囲まれた島だ。周囲10キロを漁船で巡る奇岩クルーズや、イザナギ、イザナミを祀っているおのころ神社や神立神岩などを、周遊道路を歩いて訪ねる沼島探訪ウォーキングも楽しめる。

沼島のシンボルの上立神岩

水揚げされたベニズワイガニ＝
いずれも兵庫県香美町、香住漁港

ベニズワイガニ

朱色鮮やか 深海の恵み

日差しが和らいだ午後４時半、兵庫県香美町の香住漁港でベニズワイガニの水揚げが始まった。朱色の体が夕日に染まり、一層色鮮やかになる。「深海の赤い宝石」とも呼ばれるこのカニを捕るのは、関西では香住のみで、「香住ガニ」として売り出している。ズワイガニより漁期が長く、夏や春もみずみずしい味わいと甘みが楽しめる。

水深2700メートルまで

香住でベニズワイガニ漁に出るのは大型船1隻、小型船8隻。このうち福元丸は最新鋭の小型船で、船倉は氷漬けされた朱色のカニで満杯だ。漁に携わって3年目という福本優太さんは「今シーズンでは一番の漁獲」と顔をほころばせた。

体の形や大きさは松葉ガニ（ズワイガニ雄）とほぼ同じだが、色とともに大きく違うのは生息する水深だ。ズワイガニの分布域は200～500メートルだが、ベニズワイガニはより深い500～2700

「たくさん捕れるとやはりうれしい」と話す福本優太さん

夕日に当たると、朱色がより鮮やかに

メートルで確認されている。

また、但馬各港の船が漁獲する松葉ガニの漁が11月から3月なのに対し、資源が多いベニズワイガニは9月から5月までと期間が長い。JR山陰線の香住駅や餘部《あまるべ》駅周辺では、漁期に合わせて料理店や道の駅が「香住ガニランチフェア」を開催している。

但馬沖で採集、命名

日本海や北海道周辺に広く生息するが、ズワイガニが16世紀には漁獲されていたのに対し、ベニズワイガニの存在が確認されたのは20世紀に入ってからだ。

但馬は「ベニズワイ」という名称が付けられた地でもある。1950年、香住に試験地があった国の日本海区水産研究所の山本孝治氏が、但馬沖で採集された個体に命名した。その後、「ベニズワイガニ」という呼び方が一般的になった。

深海のカニは捕る方法も特別だ。ズワイガニを捕る一般的な底引き網が技術的に難しいため、写真（次頁）のようなかごを海底に沈め、かごの入り口にサバをつるして誘い込む。かごを約60メートル間隔で約200個ロープに連ねた一式を「一連」と呼び、その長さはおよそ10キロにもなる。

鮮度守り活ガニ流通

課題は鮮度が落ちやすいこと。零度近い低水温の世界にすむカニ

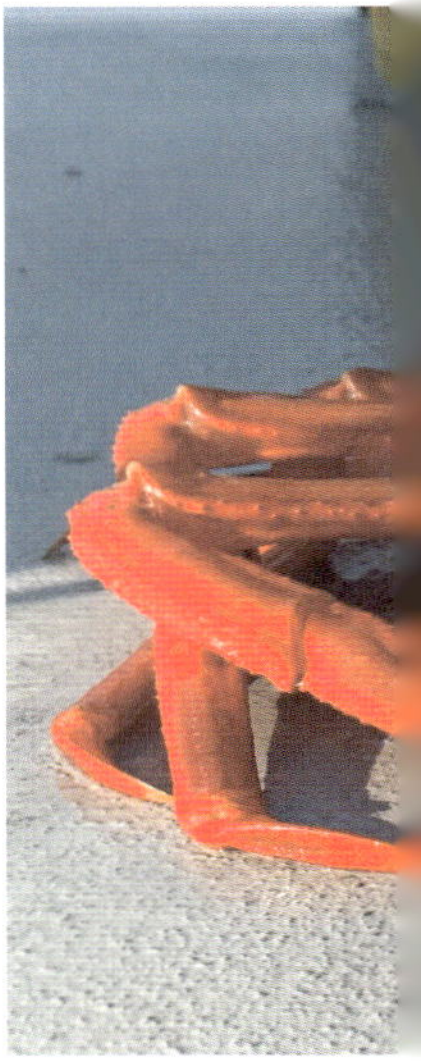

には、引き上げられる際に通る日本海表層の暖流や海の外の気温が、冬以外はやけどレベルの過酷な環境となる。「とりわけ、まだ日中30度以上の時もある9月は厳しい」と但馬漁協香住支所販売課課長の澤田敏幸さん。このため、多くが鮮度のいい間にボイルされて加工用になる。

ベニズワイガニは鳥取、富山、北海道などでも漁獲されている。香住の特徴は、漁獲時に生きているものを丁寧に扱って「活《かつ》ガニ」として流通させていることだ。

珍しい「黄金ガニ」も

日帰りする小型船は、漁獲から短時間で水揚げできる産地の優位性を生かすために冷水槽を備え、生きのよさを大切にする。

かごには「黄金ガニ」と呼ばれる、珍しいハイブリッドのカニも交じる。ズワイガニとベニズワイガニがともにすむ海域で自然交配した雑種で、朱色が薄い。ズワイガニの身入りの良さと、ベニズワイガニの甘みを兼ね備えたカニとして人気だ。

「生きた黄金ガニとベニズワイガニの多くは東京や京阪神に流通するが、地元でも刺し身などをアピールしています」と澤田さん。

資源保護のモデルに

兵庫では資源保護の取り組みも進んでいる。まず2005年から6

小型のベニズワイガニを逃がすためのリングが付いたかご

月の自主休漁を開始した。２００８年からは小さなカニを逃がすための直径10センチの脱出リングをかごの網に装着。11年からはリングを２個に増やした。

小型を捕らないための工夫の必要性について、兵庫県但馬水産技術センターの大谷徹也さんは「成長に時間がかかるので、一度資源状況を悪くしてしまうと回復に長い時間が必要になる」と説明する。

対策を重ねてきた成果は顕著に表れている。甲羅の幅が12センチ以上のものの割合が増え、１連当たりの漁獲量は対策を開始したころの2倍以上になった。操業回数は以前の3分の1となり、効率よく価値の高い大型のカニが捕れる漁へ、と変わってきている。

「ベニズワイガニは資源管理について、水産業界と試験研究機関との連携がうまくいっているモデルだと思う」と大谷さんは胸を張る。

但馬沖の日本海における魚種別の漁獲量では、ベニズワイガニはホタルイカに次ぐ2位。いずれも最近まで、京阪神などではなじみのなかった深海の水産物だ。近海の魚が減少する中、鮮度維持や販路開拓、資源保護の努力を重ねて、但馬の中心的な魚種となった。

漁業の営みを支える深海の恵みを守りながら、但馬の豊かな海を再生する流れが、広がってほしい。

兵庫県但馬海区における魚種別漁獲割合（2019－21年平均）

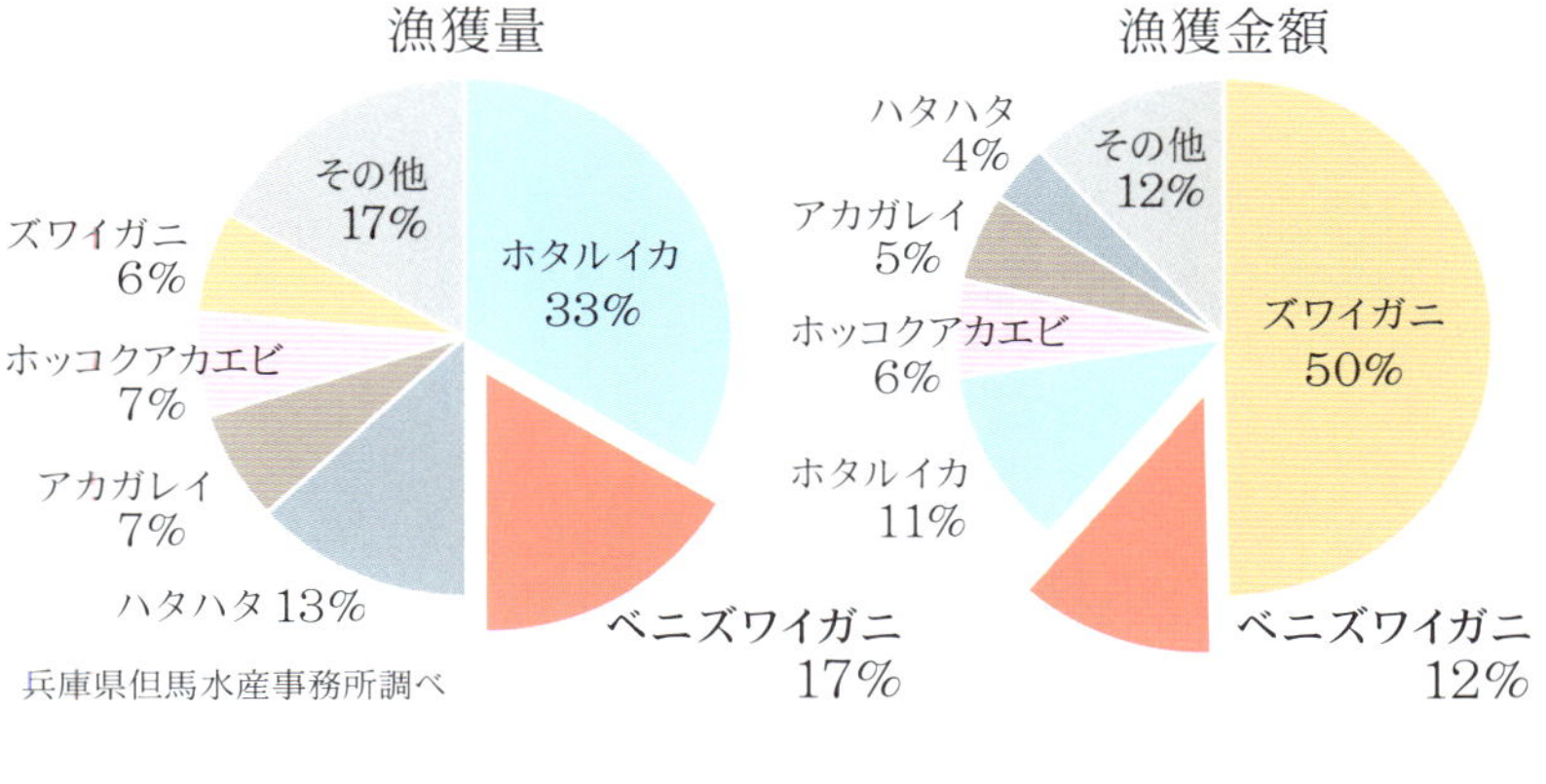

兵庫県但馬水産事務所調べ

原木シイタケ

人と自然　共生のシンボル

木漏れ日が所々に差し込む雑木林に、シイタケのほだ木の列が見渡す限り続く。人の手で一本一本積まれた木々が広い斜面を覆う里山の景観は、見事と言うしかない。「この辺りの木にも、間もなく生えてくるでしょう」。兵庫県猪名川町の「仲しい茸《たけ》園」の仲守さんは、数少ない大規模な原木シイタケ栽培の担い手だ。多彩なテロワールの物語が詰まった兵庫。今回は原木シイタケを通して、日本一と称される北摂の里山文化の歴史を掘り下げていきたい。

山の斜面に合わせて組み上げられた原木シイタケのほだ木と仲守さん＝兵庫県猪名川町

秋になると生え出す原木シイタケ。まずは塩をパラパラとかけ、七輪の火で濃厚な森の恵みを味わいたい

原木シイタケは、クヌギやコナラなどの落葉広葉樹を伐採し、種菌を植えて育てる。夏には生い茂る葉が強い日差しを防ぎ、冬は葉が落ちて明るい里山に、1年半ほど置いておくと、秋から春にかけて収穫できるようになる。

元は薪と炭を得る林

北摂（三田市、宝塚市、川西市、猪名川町）は、兵庫でも原木シイタケの栽培が盛んな地域だ。北摂原木しいたけ振興協議会には現在、28人の会員が加盟している。

栽培が盛んな理由を、兵庫県阪神農林振興事務所に聞くと「兵庫各地では戦後、スギやヒノキの植林が進んだが、この辺りは里山としての利用が優先された地域で、クヌギやコナラが多く手に入れやすかった」という。

里山というのは、かつて薪や炭、柴などの燃料を得る営みによって形成されてきた「薪炭林」のことだ。中に入ると、ギザギザの葉をつけるコナラやクヌギが多いことが分かる。これらの落葉広葉樹は自然に林の中心になったわけではなく、燃料として選ばれることで増え、暮らしを支えてきた。2千年以上といわれる北摂の人と落葉広葉樹との関係の歴史を伝えるのが、川西市黒川地区に点在する市の天然記念物「台場クヌギ」だ。

日本一の台場クヌギ

「黒川地区は日本一の里山です」。そう話す兵庫県立南但馬自然学校学長の服部保さんに、台場クヌギの林を案内してもらった。

2メートル超のずんぐりした幹から、太い枝や細い枝が十数本出ている。成長する枝の伐採を繰り返すうちにこういう姿になる。

「以前、樹齢百数十年のクヌギの年輪を見ると、20回ほど伐採されたことが分かりました」

クヌギを燃料として人が選んだのは、枝を伐採してもすぐに生えてくる旺盛な成長力が理由だった。例えば、スギやマツなどは一度伐採すればもう生えてこない。

北摂地域は、平安時代の古文書にも炭焼きの記録があり、豊臣秀吉や千利休が使ったという伝承も

人と落葉広葉樹との共生の歴史を伝える台場クヌギを見上げる服部保さん＝川西市

多い。特産の「菊炭」は江戸時代の旅行ガイド本にも登場し、将軍家の特別な茶会のために運搬されていたそうだ。今も地区には、そうした伝統を守る一軒が炭の生産を続けている。

里山文化救った栽培

弥生時代からの燃料供給の里山システムは戦後、終わりを迎える。石油やプロパンガスなどが急速に広がった昭和30年代のエネルギー転換によって、炭や薪の需要が急減し、クヌギやコナラの林は価値を失った。

そんな危機に直面した山村を救ったのが、原木シイタケ栽培だった。クヌギやコナラはそのまま使え、乾シイタケは市場価格も高かった。全国の山村が振興に取り組み、北摂でも生産者が増加し、大規模に栽培するシイタケ狩りの体験農園なども増えた。

だが、半世紀あまり里山の景観を守ってきた原木シイタケは今、厳しい環境に置かれている。オガクズなどを利用した菌床シイタケが増え、原木シイタケの割合は1割以下に。前出の仲さんは「悪い要素が重なって、原木の調達が非常に難しくなっている」と厳しい表情で語る。

要因の一つはシカの食害だ。15年ほど前から、伐採したクヌギやコナラから生える新芽を食べられる被害が急激に増え、枝が育たない。最悪の場合、枯れてしまう。伐採する人手の不足も深刻だ。スギなどを燃料とする木質バイオマス発電所が増える中、木を伐採する業者の確保が難しく、人件費も上がっている。

資源循環で高い評価

一方、里山は生物多様性や環境保全、資源循環などの面から高く評価されるようになった。クヌギやコナラの樹液はカブトムシやクワガタ、ハチ、チョウの餌となり、古いほだ木は幼虫のすみかとなる。野生のさまざまなキノコも生える。

秋から冬の紅葉で人を楽しませた後、肥料にもなる落葉はミネラル豊かな地下水を涵養《かんよう》し、海へと供給される。ほだ木は暖房の燃料にも生かされる。水をため込む保水力と深く強い根は、水害を防ぐ役割も果たしてくれている。

原木シイタケの産地縮小によって失われようとしているこうした役割に行政はもっと目を向け、里山再生への取り組みに力を入れてほしい、

自然環境保全のナショナルトラストで景観が守られている台場クヌギ林＝川西市

と仲さんは訴える。

クワガタの森を次代へ

「例えば、たくさんある県有林や維持に困っている耕作放棄地を、原木を得られる場所として生かすことができれば、子どもたちが楽しみながら自然の資源循環が学べるカブトムシやクワガタの林を増やしていける」

水と資源を循環させ、災害を防いでくれる里山。生命の営みがあふれる空間に身を置いて仕組みを深く知ると、原木シイタケこそが２千年もの間、受け継がれてきた人と自然の共生システムの要になっていることがよく分かる。今がその豊かさと機能を次代につなぐ地域デザインを描き直す、最後のチャンスなのかもしれない。

Guide

原木シイタケ 傘が開ききった 完熟を目指す

雨、太陽、風…自然の環境を生かして、木の栄養だけで育てる原木シイタケ。店頭で見かけることはすっかり減ってしまったが、郊外の農産物直売所などで見つけたら購入して、伝統の風味を守り続ける生産者を応援してほしい。

環境が許せば、「ほだ木」で自家栽培して、完熟のシイタケを一度味わってもらいたい。ほだ木は、秋から初春までに、ナラやクヌギを伐採し、1メートルほどの長さにそろえてつくる。インパクトドライバーなどで穴をあけて、シイタケの種菌を植え込む。夏には日陰ができるような落葉広葉樹の森に、支柱を作ってたてかけて、あとは自然にまかせる。

これだと、乾燥した地域では、秋と春の一時期しかシイタケは発生してくれないが、プロの生産者は、保温や保湿に手をかけて夏以外の長い期間、収穫できるようにしている。重要なのは水分で、シイタケ菌が原木全体に広がるように、散水したり、水に沈めたり、天地返しを行ったりする。

塩をぱらっとかけて七輪で焼く

ふつう1年半たつと、原木シイタケが生えてくる。雨の翌日などは、どかっと出てきて、手のひらくらいの特大サイズも混じっている。この大きく肉厚なのを、傘が開ききった完熟状態で収穫する。トマトやイチゴのように完熟が一番うまいと思う。

キノコは焼きに限る。大きなシイタケは切り分けて、傘の内側の白い方を上にして、好きな塩をパラパラとふって、七輪の網にのせる。炭火でシイタケから発生する蒸気で塩が光るようになったら、食べごろ。柄をもってパクッと口に入れると、豊潤なシイタケ本来のうま味が堪能できる。

山の斜面に沿ってほだ木がきれいに並べられた原木シイタケ園＝猪名川町内

黒田庄和牛

山田錦の稲わらで育む牛

田んぼに残る稲わらを農業機械で箱形に梱包《こんぽう》していく。西脇市黒田庄町の特産「黒田庄和牛」の肥育農家が集める餌用の稲わらは、もう一つの特産である最高峰の酒米「山田錦」だ。11月から12月の晴れた日の午後、JR加古川線の車窓からも見ることができる。

但馬牛を素牛とする兵庫県産ブランド牛の一つ、黒田庄和牛農家と山田錦の稲作農家との間では昔ながらの稲わらと堆肥の資源循環の営みが続いている。

晴れた日の午後に作業をする山田錦のわらの梱包＝西脇市黒田庄町

地域自給システム

中世の庄名をそのまま伝える黒田庄町は山田錦の生産地帯、北播磨の北にある。丹波市との境界付近で、北から流れる加古川は東からの篠山川と合流し、川幅を増す。

稲穂を刈った後の稲わらを牛の餌にする営みは、かつてはどこでも当たり前だったが、今はほとんど見かけない。北海道などを除いて全国で飼育されている牛の飼料の多くは、輸入に頼るようになっている。

そうした日本の畜産業がピンチに立たされている。化石燃料の高騰やコロナ禍による物流の混乱、ウクライナでの戦争などの影響で輸入飼料が暴騰しているからだ。あらゆる農業資材が値上がりしており、飼料代だけで年間数百万円の負担増に見舞われ、経営が苦境に立たされている農家も少なくない。

そんな状況だからこそ、黒田庄で続けられてきた地域自給システムに注目したい。

牛ふん堆肥と資源循環

「うちの粗飼料（草の飼料）は１００％地域の田んぼの稲わらで、そのほとんどが山田錦です」。黒田庄和牛同志会会長の三谷悟さんは胸を張る。同志会のメンバーは現在12人で、合わせて１２００頭の但馬牛を肥育し、神戸ビーフと黒田庄和牛を供給している。

黒田庄における山田錦の稲わら資源循環は、稲わらと牛ふん堆肥の交換によって成り立っている。

循環システムは１９８８年ごろから西脇市との合併前の旧黒田庄町が「有機の里づくり」を掲げ、本格化した。

今の稲作では、稲刈りの際にわらを細かく裁断するのが一般的だが、堆肥と交換する稲作農家はわらを長いまま田んぼに残す。

秋の日差しを生かす

稲わらは、秋の日差しで20日ほど天日に干してから集める。２、３回雨に当たるのが理想だそうだ。「牛は、新しいわらは食べない。腹につかえて重たくなるから。わらのアクをとり、多すぎるビタミンを減らすのも目的」。３００頭の但馬牛を飼う同志会の山崎壽一さんは説明する。

わらを集める作業は10月後半、稲刈りの早い食用米から始まる。山田錦の稲わらは11月に入ってからだ。晴天の日、ヘーメーカーという

収集した稲わらを牛舎に保管する山崎壽一さん

機械で寄せ集めていく。朝露が乾くのを待つため、早くても10時半ごろからになる。

湿り気との闘い

「湿ったまま集めるのは絶対だめ。カビが生えたのを牛が食べると、下痢や食中毒の原因になるから。風があると早く乾くので、ありがたい」と山崎さん。

湿った土に接していた下のわらが上になるよう、機械で反転させながら寄せ集める。これも乾燥を早めるための工夫だ。

梱包作業は午後から。稲わらをヘーベーラーという機械でかき集めて裁断し、ひもで縛ったわらの塊をこしらえながら進んでいく。収集が終わると、軽トラの荷台へ。一つの大きさは長さ70センチ、幅40センチ、

山田錦の稲わらを軽トラの荷台に積み込む

高さ40センチ。毎回、きっちり55個を積み上げるそうだ。

作業は午後4時ごろには終えなければならない。山の端に日が落ちると、再び稲わらが湿り始めてしまう。「作業できる時間が短いので、収集できるのは1日で60アールほど。雨が降ると田んぼが乾くまでできない」

飼育する但馬牛のふんや敷きわらは、共用の堆肥化施設で発酵させる。できあがった堆肥は翌年の2月ごろまでに、稲わらを収集した田んぼに散布してまわる。これで稲わらと堆肥の交換が完了する。

先人の知恵受け継ぐ

山田錦の稲わらは牛舎内に積み上げられているが、但馬牛に食べさせるのは4月以降だ。

「冬の寒さに当ててわらにいる虫を殺すため。基本は先輩たちに教えてもらった昔からの知恵です」

山崎さんは、地元農協の職員だった昭和後半から、先輩農家からわらの集め方や管理を聞いてまわった。同志会の稲わら収集作業は、その時に完成したマニュアルがもとになっている。

山崎さんが10ヘクタールの田んぼで手がける収集作業は、12月後半まで続く。「まだ全体の4割。いい子牛をいい餌で育て、最高の牛に仕上げるのが黒田庄。大事なのは牛が喜んで食べる山田錦のわらを丁寧に集めること。焦ってもしょうがない」と穏やかな表情で語る。

黒田庄和牛のコロッケやカレーなども販売するＪＡみのり特産開発センター

ジューシーな味わいが人気の黒田庄和牛のミンチカツ

手間をかけて地域の優れたものを生かし、産物を磨き上げる。ここには、日本のものづくりが基本としてきた営みが今も息づいている。地域の稲わらを生かす取り組みが、輸入飼料危機に直面する農家から見直されることを願う。

速い潮流の中で成長したノリの黒い帯が並ぶ＝播磨灘

ノリ

海の畑で育む栄養の塊

前夜まで吹き荒れていた西からの風がやみ、瀬戸内海の朝はとても穏やかだ。海面には成長したノリの黒い帯がきれいに並ぶ。「潜り船」が網をくぐってノリを刈り取っていく。兵庫の播磨灘、大阪湾、紀伊水道に張られた広大な〝海の畑〟から収穫されるノリは、全国生産の2割を占める。

兵庫、佐賀、福岡が3強

日本のノリ生産は九州・有明海の佐賀、福岡と、瀬戸内海の兵庫の3県が生産量トップを競っている。

遠浅で潮の干満差が6メートルある有明海では、支柱を立ててノリ網を張って栽培する。一方、水深が深い瀬戸内海では、ブイを浮かべて網を張る浮き流し式養殖で育てる。

速い海流の中で育つ兵庫のノリは、硬めで型崩れしにくく、味や香りの持ちが良い。おにぎりや巻きずし用などで流通している。

潮流と平行に網を張る

ノリ網を張り込むロープの枠は「柵」と呼ばれる。長さ20メートル、幅1・6メートルほどで、兵庫の海では20万も張られている。中でも明石海峡の潮流の影響を受ける神戸と東播磨沿岸、淡路島西岸、そして好漁場で知られる播磨灘の鹿ノ瀬に3分の2が集中している。

「海の栄養分を取り込むノリは流れが速く、多くの海水に触れる場所でよく育ちます」と兵庫県水産技術センター主任研究員の高倉良太さんは解説する。

ノリの状態を見る東二見漁協の髙橋夏輝さん＝播磨灘

20メートルある細長いノリの黒い帯は、潮流に平行に並んでいる。神戸や東播磨沿岸では東西、淡路島西岸ではほぼ南北方向だ。明石市・東二見でノリ養殖を営む西田博計《ひろかず》さんは「東西に向くように張らないと横から潮流を受けてしまい、網を張る作業も刈り取りも難しくなる」と話す。

バリカン症と色落ち

奈良時代の文書にも登場するノリの長い歴史では、兵庫は昭和の後半に発展した後発産地だ。海を畑のように利用できる浮き流し式などの技術開発と、栄養が豊かで潮流のある環境を生かして、年間十数億㕟の乾ノリ生産県となった。

だが、近年はいくつかの課題に悩まされている。一つは食害だ。

成長したノリが根元から刈られたようになる「バリカン症」と呼ばれていた現象は、同センターの調査で大半がクロダイ（チヌ）の食害と分かった。

もう一つは「色落ち」。これは海中の窒素などの栄養塩が乏しいため、漁期の途中からノリの色が薄くなり、商品価値がなくなってしまう。１９９０年代後半から常態化し、始まる時期が年々早くなっている。加えて、ノリが育つ水温まで温度が下がる時期が温暖化で遅くなり、よいノリが採れる漁期が短くなっている。

網をくぐってノリを刈り取る潜り船＝播磨灘

こうした状況の中、注目されているのが、柔らかくて味の濃い乾ノリができる「一番摘み」などのブランド化。漁協や水産会社、ノリ販売店などの取り組みも目立つ。ユーチューブなどの「須磨のり」のPRで人気を集める「河昌」（神戸市須磨区）の女将《おかみ》藤井潤子さんは「肉厚で味も栄養も濃いノリを味わってほしい」とアピールする。

瀬戸内海の危機を受け

栄養塩の減少は、イカナゴなど水産資源全体が減少する大きな要因になっている。瀬戸内海の危機を受けて、県は海の生態系の基盤である栄養塩の回復に乗り出した。海への栄養の流れを抑制してきた下水処理場や工場からの排出基準を緩和し、窒素量を増やす対策を始動させる。

赤潮が多発した昭和の公害時代に形作られた環境政策を長く続けたことで、世界でも有数の豊かな海だった瀬戸内海は痩せ細ってしまった。「チヌは貝や釣り餌となるゴカイなど、なんでも食べる魚。ノリを食べるようになったのは、食べものが減ってしまったからかもしれない」と同センターの谷田圭亮さん。

肉厚でうまみが濃い一番摘みの乾のり

陸から海へ資源循環

鹿ノ瀬で採りたてのノリを食べさせてもらった。口の中でとろけ、広がる海の香りとうまみを感じながら、私たち人間と海の歴史についてあらためて考えた。

ノリはビタミンやタンパク質、食物繊維やカルシウムなどの栄養の塊だ。海で育てて人間が食べるだけで、陸から海への循環をやめれば、海の栄養が減っていくのは当たり前だ。チヌの食害は、人為的に減らされた海の栄養を人と生き物たちが奪い合っていることを象徴しているように思う。

もちろん、瀬戸内海の資源減少は海岸の開発や温暖化などの気候変動などいろんな要因はある。しかし、まずできること、始められることとして、陸から海への栄養供給を再開し、資源循環を復活させたい。それは海を畑として使わせてもらっている私たちの責任だろう。

養殖ノリに群がるチヌ。冬においしくなるチヌを漁獲する技術開発も進む
（兵庫県水産技術センター提供）

Guide

量から質へ 海の幸をよりおいしくいただく

冷蔵などの技術の進歩によって、魚の付加価値を高める動きが広がっている。本書で取り上げた香美町特産の「香住ガニ」(ベニズワイガニ)は、関係者の鮮度維持の努力が実って近年人気が高まっている水産物の一つだ。

一本釣りブランドの「浦サワラ」

日本近海での魚の漁獲量が減少する中、「量」から「質」への考え方の転換も進んでいる。明石浦漁協がブランド化を進める一本釣りの「浦サワラ」は、その代表例といえる。

瀬戸内海を代表する大型魚サワラは身が柔らかいため、網で漁獲する間に身が崩れてしまうことが多く、味噌漬けなど惣菜向けの魚のイメージが強かった。一方で、釣りもののサワラは十分に刺し身や寿司ネタになることから、より丁寧に扱う手法の研究が進み、脂がのったものをブランド品として打ち出すようになった。

生ノリ とろける食感と海の豊かな風味

兵庫の海の幸で、個人的に生食化を期待しているのがノリだ。

水産物の多くは、海から陸にあげた時から劣化が始まる。冷蔵手段が乏しい時代は、保存食とするために、干物や塩漬け、佃煮にしていた。

冷蔵、冷凍の技術が進歩する中で、保存食の固定観念が弱まり、生に近い形で食材を味わえる方向へと水産物の食文化は進んできている。

チャンスがあれば、とれたての生ノリを何もつけずにそのまま食べてみてほしい。とろけながら、のどを通る食感。柔らかいので加熱の必要がなく、豊かな海の風味を損なわずに味わえるところがおもしろい。海の緑黄色野菜といわれる豊富な栄養がまるごといただけることもありがたい。

播磨灘の鹿ノ瀬でいただいた生ノリ

坊勢島特産の「ぼうぜがに」。一番後ろの平たい足を使って、かなりのスピードで泳ぐ

ぼうぜがに

播磨灘を駆け巡る大物

夕方、底引き網漁の漁船が列をなして坊勢島《ぼうぜじま》（姫路市）の港に帰ってくる。家島諸島周辺の豊かな海の恵みが次々に水揚げされる。ホウボウにナゴヤフグ、アシアカエビ…、魚介が入ったかごの列の中にお目当ての大物がいた。播磨灘を駆け巡る特産の「ぼうぜがに」。ガザミ（ワタリガニ）の中でも甲羅の幅が18センチ以上あるものだけに与えられるブランド名で、すぐにタグが取り付けられた。

全国一、841隻の漁船

大小40余りの島からなる家島諸島の中で、坊勢島は家島の次に人口が多い。約2千人のうち7割が漁業と関連した生活を営む。841隻という漁船数は、単独の漁港としては断トツの日本一を誇る。

特産の「ぼうぜ鯖《さば》」やイカナゴなど漁獲された魚は各地の市場のほか、島内の直売所や対岸の妻鹿漁港にある「姫路まえどれ市場」などで扱われる。

1日に20～30キロ泳ぐ

ぼうぜがにはオスとメスで旬が異なる。メスは身が詰まって内子(卵)が絶品となる冬。オスは7月から10月で、カニ刺し網漁で捕る。「カニは瀬戸内海の西側から来る。岡

天然の良港に恵まれた坊勢島＝姫路市家島町

山から播磨灘を通って大阪湾に向かう」。刺し網漁を40年続ける上西良一さんはカニの通り道を考えて網を張る。

ガザミは日本海側のズワイガニなどとは違い、魚のように泳ぐカニだ。1日に20～30キロ移動したという報告もある。夏から秋は交尾期で、メスを求めて動き回っているオスが網に突っ込んでかかる。網の目

は5寸（15センチ）と大きい。6寸の網を張る人もいる。

抱卵ガザミは再放流

兵庫のガザミ漁は、資源管理型漁業の先駆的な取り組みとして全国的に高い評価を受けている。1986年に漁業者有志で始めた「ガザミふやそう会」（事務局・兵庫県漁業協同組合連合会）は、産卵直前のメス「抱卵ガザミ」を再放流する活動を続けている。

5～9月に漁獲された抱卵ガザミは、甲羅に「とるな」という文字と漁獲した海域、番号を書いて海に返す。漁業者には買い上げ費が支払われる仕組みだ。

年会費は千円で、漁業者のほか、保護運動の趣旨に賛同する一般会員も募集している。また、時季を問わず、甲羅の幅が12センチ以下の稚ガザミや脱皮直後の軟らかいカニは自主的に再放流している。

エビ、カニが激減

1匹500～600円と安かったガザミをズワイガニのようにブランド化させようと、2004年ごろから「ぼうぜがに」のタグをつけるようになった。2022年1月には地域団体商標も取得。そうしたガザミを守る活動にもかかわらず、漁獲は近年、急激に減少している。

「平成19（2007）年度に96トンあった漁獲が令和3（2021）年度はたった3・4トン。やっと地域団体商標がとれたのに、このままでは幻のカニになってしまう」と坊勢漁協参事の上西典幸さんは危機感を強める。

「減り方があまりに異常」というのは、エビやシャコなど硬い殻を持つ海の甲殻類の生きものに共通しているという。

「ほかの魚と減り方が全く違う」。甲殻類の減少に危機感を募らせる上西典幸さん＝姫路市家島町坊勢

農薬への懸念

急減の要因には、ノリの色落ちやイカナゴの不漁と同様に、窒素などの排水規制による貧栄養化、気候変動による水温上昇が挙げられるが、上西さんはもう一つ、ネオニコチノイド系農薬の影響を懸念している。

ネオニコチノイド系農薬の生物への影響は、世界各地で発生したミツバチの大量死との関連が指摘されて注目されるようになった。

上西さんが懸念する理由はエビ、カニなどの甲殻類と昆虫は生物の世界の分類では近縁関係にあり、体の構造が似ているからだ。

「大きな潮流がある太平洋や日本海と違い、瀬戸内海は入れ物の中を水がぐるぐる回っているような

対岸まで漁船がびっしり並ぶ＝姫路市家島町坊勢

海」と前述の漁業者上西良一さんは指摘する。同様の声は他地域からも上がっており、兵庫県漁連は県に影響の研究を要望している。

若手記者の頃に取材した灘のけんか祭りなど播磨灘沿岸の秋祭りの食卓には、ゆで上げたシャコが大皿に山盛りにされていた。いまシャコを売り場で見ることはほとんどない。

除草剤も含め日本は世界有数の農薬使用国だ。コウノトリ育む農法の拠点である但馬や、トキと水田生態系に配慮した農法が広がる新潟・佐渡など、ネオニコチノイドを禁止するケースもあるが、国の規制は極めて緩い。

欧州連合（EU）では、生態系や人間に危険性の高い農薬として、「予防原則」を適用して使用禁止の動きを強化している。

私たちの瀬戸内海は、暮らしや経済活動で使う製品の化学物質が長くとどまりやすい閉鎖性海域だ。先人から受け継いできた海の恵みを失ってしまうことがないよう、化学物質への意識をもっと高めることが必要ではないだろうか。

ガザミふやそう会の会員募集チラシ

十割そばの技を引き継ぐ本田忠寛さん＝豊岡市但東町、赤花そばの郷

赤花そば

極め抜く「十割」の風味

赤花そばの郷（豊岡市但東町）の名物「水そば」は、つゆも塩もつけない。水の器に入ったそばを箸で引き上げてそのままいただく。その独特な軽やかな味わいの中にさわやかな甘みが現れ、二度三度と口に運ぶ中で、麺がまとう水が透明感のある味を浮き立たせていると分かる―。在来種ならではの十割そばの風味を極め抜く「赤花そば」の世界を紹介したい。

山間に残った在来種

赤花そばは豊岡市の東の端、京都・丹後との境にある但東町赤花地区で採種されてきた。昼夜の温暖差が大きい山間の農地で育てるそばは風味がよく、粘りがあり、そば粉だけの十割そばが打ちやすい。

集落にある法華寺には、400年ほど前にそばが振る舞われた記述が残っているという。

各地で在来種のそばが失われる中、貴重な地域の種を残そうと1991年、地域住民で生産組合を設立。国や県の補助を受け、赤花そばの郷をオープンした。

栽培から一貫生産

現在は10の団体と個人が、町内の約20ヘクタールで無農薬栽培している。長くけん引役だった本田重美さんが2020年に亡くなり、息子の忠寛さんが栽培から製麺まで中心となっている。

赤花そばの赤い花。白い花の中に1～3%ほど混じるという

「品種改良された一般的なそばに比べ、収量は半分ほどですが、舌触りの良さ、こしの強さ、風味の豊かさは在来種ならではです」

そばの持ち味を損なわないまま提供しようと、各工程を徹底的に研究し、独自の発想で開発された設備がそろえられている。

その一つが天日乾燥機。収穫されたそばの実を屋外同様に日差しが得られるガラス張りの施設で3日間、ベルトコンベヤーで循環させながら水分を少しずつ落とし、独特のうまみを出す。

乾燥させた実は、除湿と加湿の両方の機能を備えた冷蔵庫で保管。製粉の石臼は実と実をこすり合わせる独自の仕組みで、熱を持たさず時間をかけて粉にしていく。

「水そば」という答え

「そばはシンプルだからわずかな差で味が生き、味が死ぬ。だから面白い」。生前、そう話していた重美さんの一つの答えが「水そば」だった。

水そばづくりは一年で最も寒い時期に、実を約3日間、水に漬けることから始まる。「おやじは、寒水に漬けたそばで打ったという古い文献を見て、復元した」と忠寛さん。

ポイントは発芽寸前に水から引き上げること。気温が高い日は発芽しやすくなるので注意が要る。逆に氷点下の時は、凍らないように井戸水の流水を調整しながら、水温を5～10度に保つ。アクと渋みが抜け、水を吸って大きく膨らんだ実を再び天日乾燥機へ。かすかな風にさらしながらゆっくり乾かし、1年分の水そば用の実を確保する。

赤花そばの郷の自慢は、この水そばと通常のそばのセット（1500

水を満たした器に入れ、何も付けずに食べる「水そば」

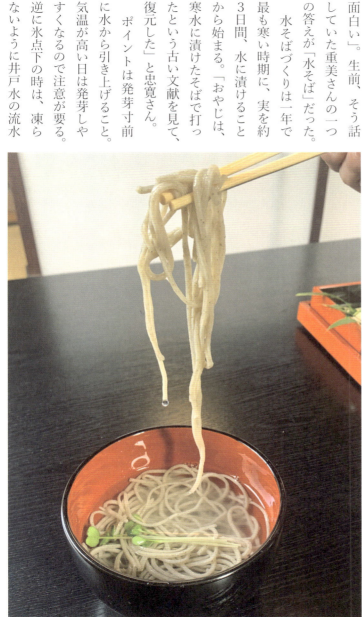

円、税込み)。清涼な水に漬かった水そばを味わった後、こだわりのつゆでそばをいただき、二つの世界を楽しむ。

「水そば」には寒水に漬けたそばの実（右）を使う

種子を守るための旅

強みは、栽培から製麺まで一貫したものづくりにある。中でも、重美さんが最も気を使っていたのが「種」だった。

そばは自然交雑しやすい植物だ。周辺で別品種のそばが栽培されていると、昆虫が行き交って花粉を運ぶことで交配してしまい、在来種特有の個性が失われてしまう。

「今も他の品種の栽培地域から、ミツバチの行動範囲とされる3キロ以上離れた場所で、栽培しています」。広い平野が少なく、山々が集落を隔てる但馬のテロワールのたまものと言える。

種子を次の世代に確実につなぐ

焼き畑跡で栽培した赤花そばの実について話す本田重美さん（2016年）

ため、重美さんは万一に備えた手も打っていた。そばが栽培されていない海外での採種と保存だ。重美さんが選んだ地域はモンゴルやインドネシア。同行取材の話もしていたが、もっと詳しく聞いておくべきだったと悔やまれてならない。

焼き畑のそばを復活

豪快かつ繊細な地域戦略を練っていた重美さんの一番の夢は、焼き畑でのそばの栽培だった。

日本の山間地の原風景だった焼き畑農業は、赤花地区でも昭和30年ごろまで手がけていた。まだ熱い焼け跡にそばの種をまいて育て、貴重な食料にしていた。

2015年、約60年ぶりに「ひょうごの在来種保存会」（姫路市）の協力を得て、試験的に復活させた重美さんは「肥料で育てるのとは違う、先人たちが味わっていたそばの風味を再現したい」と話していた。

焼き畑は里山再生や獣害対策にもなり、国内各地で見直す動きが広がっている。宮崎県の高千穂郷・椎葉山の農法は、持続可能な森林農業として世界農業遺産になった。但馬のテロワールを伝えるそばの神髄の風味を、焼き畑の風景とともに、よみがえらせたい。

2015年に復活させた焼き畑農法

Guide

在来種　残された貴重な食の地域資源

育てる。味わう。良い種を残す。そうした農の基本の営みによって受け継がれてきた在来種。日本海から瀬戸内海まで気候風土が多彩な兵庫には、知られていない地域の種が数多く残っている。

本書でも、丹波黒大豆、岩津ねぎ、太市のタケノコ、赤花そば、朝倉山椒、ハリマ王ニンニク、宍粟三尺きゅうりなどを取り上げた。

食の画一化が進む中で、個性豊かな風味と姿は貴重な地域資源として見直されている。流通が限られたものが多いが、ぜひ産地に足を運んで味わってほしい。

もち大豆

佐用郡内各地で栽培されてきた風味に優れた在来の大豆で、みそはとてもおいしい。手に入りにくいが、豆腐は絶品。

姫路の海老芋

姫路市兼田地区で100年以上の栽培の歴史がある海老芋

市川東岸の姫路市兼田地域で栽培され、種が守られてきた。肉質のキメが細かく、上品な味わいや舌触りは薄味で楽しみたい。

網干メロン

明石以西の播磨灘沿岸地域は、多種多彩な在来種のウリの産地だったが、近年は生産量が減っている。梅雨から夏の初めに、直売所を回って珍しいウリやメロンを手に入れるのも楽しい。

小型で柔らかく、甘みが強い網干メロン

八代オクラ

豊岡市日高町の伝統野菜は近年料理店などで人気が高まっている。一般のオクラは５角形だが、このオクラは８角形以上で、実が柔らかく、粘りが強い。

より詳しく知りたい人には、ひょうごの在来種保存会・編著の『つながっていく種と人　ひょうごの在来作物』（神戸新聞総合出版センター）がおすすめ。

布引貯水池。災害などに見舞われたときに「命の水」となる水がめだ＝神戸市中央区

Kobe Water

「神戸ブランド」の源泉

貨物船に水を送るホースが岸壁の給水栓に取り付けられた。船員立ち会いで水道メーターの数値を確認した後、バルブが開かれる。「赤道を越えても腐らない魔法の水」として外国船が求め、積み込んだKobe Water（神戸ウオーター）。神戸港では今も年間20万トンの水が船舶に供給されている。いにしえよりこの地の名を広め、「神戸ブランド」を支えてきた水の物語の地をめぐりたい。

布引貯水池が発祥地

新神戸駅から神戸布引ロープウェイに乗り、中間駅で降りる。西へ山道を下ると、新緑の合間から水面が見えてきた。1900（明治33）年に建設された布引貯水池だ。

「神戸市の水道事業が誕生した発祥地であり、日本で一番古い重力式コンクリートダムです」。神戸市の石塚公輔さんが紹介してくれた膨大な歴史資料を調べていくと、この貯水池の建設が、神戸が世界に飛躍する大きな転換点であったことが分かる。

明治時代、貿易港として歩み始めた神戸は水問題に直面していた。大きな川がなく飲料水を井戸に頼っていたが、産業発展で人口が増える中、外国船がもたらしたとされる感染症のコレラに悩まされていた。

「航海船舶の大半は横浜や長崎等の諸港で用水を入手し、（中略）神戸港では水が求められないため、荷役終了と同時に出港を余儀なくされる―」。1973年発行の神戸市水道70年史には、神戸港が置かれていた厳しい状況が記述されている。

難局を打開すべく始まった布引貯水池の建設は山岳地での工事だったため、ほとんどが人力だった。砕石や砂の大半は現地で調達し、必要な資材は馬が引っ張るトロッコで運搬された。

難工事で完成した布引貯水池の水は、外国船の神戸の評判を一変させる。味が良い上に変質しない水は「Ｗａｔｅｒ　ｏｆ　Ｇｏｄ（神の水）」と呼ばれ、多くの外国船が神戸で水をたっぷり積み込むために立ち寄るようになる。

清涼な水を保つ技術

神戸ブランドを高めた名水誕生の要因は二つあった。一つは布引渓流の水質。急峻《きゅうしゅん》な六甲山を流れる水は腐敗の要因となる有機物が含まれにくい。

もう一つは、水の清涼さを保つ土木技術だった。今でこそ木々の緑の風景に溶け込んでいる布引貯水池だが、建設時は六甲山の木材や薪《まき》が切り出され、土が露出するはげ山に囲まれていた。

雨が降れば濁水が流れ込んでしまうという難問を、先人たちは貯水池の上流に分水堰堤《えんてい》や放水路を造って濁水を迂回《うかい》させる、日本で初めてのシステムを導入することで解

六甲山の清涼な水を集める布引渓流＝神戸市中央区

岸壁にある船舶給水栓から貨物船に水を送る＝神戸市東灘区

決する。

701の船舶専用給水栓

神戸港の岸壁には、今も701もの船舶用の給水栓が備えられている。「クルーズ船は水を大量に買ってくれる大事なお客さんなので、値引きして販売しています」と市港湾局給水センター長の野田晋哉さん。

ほかにも海上で船舶に給水する港務艇や、水を24時間購入できる小型船舶用の「清水自販機」が2基ある。

残念ながら給水用の水を巡る状況は大きく変わり、今では人口増加による水不足を解消するため、1942年から使用を始めた淀川の水が大半を占めるようになっている。

渓流水で製品づくりを

世界の船乗りが愛した布引渓流の水を手に入れることは今も可能だ。市水道局は「カウベ・ウオータア」の名称でペットボトルに入れて販売している。

さらに布引の水をさまざまな事業に利用してもらおうと、1立方メートル当たり896円で販売している。布引渓流の名称が伝わるようにすることなどが購入の条件で、地ビール醸造のほか、無料で配布するノベルティーのグッズとしてボトル水を製作した企業もある。

名水は市民の暮らしにも溶け込んでいる。神戸クアハウス（中央区二宮町＝２０２４年４月から休館中）では、地下深くから採取した水18リットルを１００円で購入できる。住民や三宮の料理店などがくみにくるほか、土日は大阪や京都からも水を求める客が来るそうだ。

支配人代行の坂本順子さんは「天然温泉のサウナの方では、地下水をそのままかけ流す水風呂が人気です」とアピールする。

万一の時の「命の水」

水くみ場の東にある生田川公園や布引渓流のハイキングコースには、布引の滝について詠んだ平安時代からの名歌の歌碑が点在している。「花園社」という団体が明治の初めに建てた36の歌碑で、その後散逸したが、２００７年に市が再整備した。

千年前の紀貫之や在原業平の歌もあり、布引の水はこの地に人を引き寄せた最初の神戸ブランドだったのだとあらためて思った。

先人たちは発展途上の神戸港に訪れた水の危機を、この名水を水道に変えることで乗り越えた。布引渓流を集める貯水池は今も、市民の水がめとして頼もしく存在している。

六甲山の名水の魅力を生かした物語を、これからも紡ぎ続ける。それは万一の時の「命の水」を次代につなぐ力ともなる。

北野工房のまちや、中突堤中央ターミナル「かもめりあ」で購入できる「カウベ・ウオータア」

六条大麦

夏に欠かせぬ東播磨の特産

黄金色に輝く大麦畑は東播磨の初夏の風物詩だ。緑の濃さを増す周囲の草木と鮮やかなコントラストをなす。刈り取られた六条大麦は、地元の製茶工場で味わい深い麦茶に加工され、夏に欠かせない地域の味として直売所にも並ぶ。

黄金の穂で田んぼを覆う六条大麦＝兵庫県稲美町

稲美、加古川で 430ヘクタール

栽培は11月上旬の種まきで始まる。2度の麦踏みを経た大麦は春になるとぐんぐん成長し、4月に出た緑の穂が5月には黄色に熟す。真上に伸びていた穂先が90度曲がると刈り取りのサインだ。「うちは17ヘクタールで栽培。天気次第ですが、だいたい1週間で刈り終えます」。岡東営農組合（兵庫県稲美町）組合長の田中吉一さんは話す。

JA兵庫南によると、稲美町、加古川市は雨が少なく麦の栽培に適しており、営農組合や農家計41の生産組織が、約430ヘクタールで麦茶用の六条大麦「シュンライ」を栽培している。

風土に合う品種探し

産地づくりが始まったの1970年代半ば。他県産の大麦を使って麦茶を製造していた長谷川商店（加古川市）が地元産を求めたところ、当時の稲美野農協が連携を申し出、営農組合とともに試験栽培が始まった。

「梅雨の前に収穫できること、焙《ばい》煎《せん》しやすいことなど、地域の風土や味の条件に合う品種を求め、試行錯誤を重ねながら10年かけて今のシュンライにたどりついた」。当時の状況を知る長谷川商店専務の大篠昭雄さんは振り返る。

東播磨産の六条大麦を使って麦茶をつくる長谷川商店の大篠昭雄さん＝加古川市内

1999年に稲美野農協など東播磨の7農協が合併し、現在のJA兵庫南が誕生したのを機に、栽培は加古川市へと拡大。当初100ヘクタールだった面積が今では4倍に増え、西日本有数の産地となっている。

焙煎を4回繰り返し

収穫した大麦は乾燥させて、15%以上の水分を13%まで落とし、

1年間倉庫で寝かす。時間をかけて麦の中心まで水分を均一にすることで、良質な製品ができるという。

麦をいる製茶工場は香ばしい香りが漂う。麦茶の香ばしさは皮から、味は実から出すそうだ。ここでは四つの窯を使ってじっくりと焙煎する。芯まで火を通した大麦は粒のままティーバッグに詰められる。粉末の製品に比べてにごりがなく、香ばしい香りとすっきりとした味わいが自慢だ。

焙煎前の六条大麦

直売所に並ぶ新製品

ティーバッグとペットボトル入りの製品が販売されているＪＡ兵庫南の直売所「ふぁ〜みん」では、皮を丁寧に削ってお米と一緒に炊けるようにした「米粒麦」や大麦粉、麦みそなどの新製品が並んでいる。

「令和元年、2年と大豊作が続いて麦の売り先がなくなって困ったのをきっかけに、食の製品開発に乗り出した」と、ＪＡ兵庫南代表理事専務の野村隆幸さん。農家や食品業者に開発を呼びかけたほか、大麦の粒と粉を素材にしたレシピコンテストを開催。ハンバーグや、サラダ、クリームパスタ、りんごケーキなどの多彩なアイデアが集まった。

食物繊維などで脚光

「思った以上に20～40代の参加者が多かった。ボリュームがあるのにヘルシーというのが一つの魅力です」。レシピ集の作成に携わったＪＡ兵庫南ふれあい広報課の高見香織さんは、男性の応募が目立ったことに驚いたという。

大麦は低糖質な上に、野菜では摂取しづらい水溶性食物繊維の一種である「ベータグルカン」が豊富で、健康食材として注目が高まっている。ＪＡ兵庫南によると、県内では加古川市や播磨町のほか、芦屋市など計12の市町が学校給食に導入している。

麦ストローへの思い

大麦関連の売り場で興味深いも

四つ目の窯でいり終えた六条大麦＝加古川市内

のを見つけた。大麦の茎から作ったストローだ。中が空洞になっている茎のきれいなところを切り取って、古紙から作った箱に詰めてある。英語のストローの語源は麦の茎などの「わら」。昔は一般的に使われていたが、プラスチック製品が登場してから麦製のものは消えてしまった。

六条大麦の茎は田んぼにすき込んだり、燃やしたりしていたが、JA兵庫南が地域の福祉事業所と連携して販売を始めた。製品には地域資源を無駄にせず、麦畑の風景をこれからも守っていく、という思いが込められている。

大麦は明治時代、日本でも米の3倍もの面積で栽培されていた。しかし戦後、食生活が豊かになると、貧しい時代の食べ物として敬遠され、消費が激減してしまう。それが栄養過多の時代を迎えて見直され、工夫を重ねた味や新しい加工技術によって、食材の可能性が広がっている。

地元産へのこだわりから生まれた大麦という特産物の価値を、時代の視点で捉え直し、消費者とともに新しい食文化をつくる。さらに食べない部分も無駄にしない地産地消によって、特産物とその風景を次代につなぐ。東播磨で進む「農」の地域戦略は他の地域のモデルにもなると思う。

「ふぁ～みん麦茶」は産地を支えるロングセラー
左は六条大麦の節間の茎を生かす麦ストローと、古紙の箱でパッケージした製品

Guide

江戸期の農産加工産業の技術革新

テロワールの視点で産物や食文化を掘り下げていくと、風土とその特徴を生かした人々の農産加工の歴史の流れが見えてくる。

特に社会が安定し、農地の開発や水や風の力などの自然エネルギーの活用が進んだ江戸時代の技術革新で大きく発展したものが多い。

その代表が、六甲山の急流を水車に生かした農産加工産業だ。先人たちは、水車という新しい動力で、菜種から照明用の油を搾り、酒米を磨き、小麦を製粉した。徳川幕府は六甲山麓の酒造を中心に産業発展が著しい「灘目」地域を天領にした。

一方、西の播州平野では、雨が少なく乾燥した気候に適した麦や大豆の栽培が盛んになる。こうした播磨のテロワールから生まれた農産加工品が薄口しょう油と素麺だ。

薄口しょう油と素麺のテロワール

龍野地域発祥の薄口しょう油は、播磨の大豆、小麦と、赤穂の塩、揖保川の軟水などを原料に、江戸時代に開発された。素材の色や風味、だしを生かす淡い色と穏やかな香りは、京都・大阪で重宝され、和食に欠かせない調味料となる。

天日干ししやすい冬の乾燥気候を生かした播州での素麺づくりは、18世紀後半から本格化したと考えられている。六甲山南側の灘目地域で盛んだった素麺の製造技術が、龍野地方に伝えられた記述も残っている。

戦後、小麦や大豆は外国産が中心となるが、地元産原料の製品も作られている。ヒガシマル醤油は原料を全て播磨産にこだわった「龍野乃刻」を2002年から販売。全国的にも人気の手延べ素麺「揖保乃糸」には、播州産小麦の製品もある。海外産と地元産との風味や食感の違いを楽しんでみてはいかがだろう。

水車が設置されていた住吉川上流の石の構造物＝神戸市内

収穫したニンニクを天日干しする北本奇世司さん（右）と妻の千恵さん＝いずれも加西市内

ニンニク「ハリマ王」

「生き残った」鮮烈な辛さ

畑から掘り出したニンニクの束がずらりと並ぶ風景は壮観だ。時代を超えて生き残り、1世紀前の鮮烈な辛さを今に伝えるハリマ王。離れていても、強く豊かな香りが鼻をつく。天日干しに汗を流すのは祖父、父から受け継がれたこの在来種を栽培する北本奇世《きよし》司さん（加西市）。「こうすると葉と茎の養分が球根（ニンニク）に戻ってくるんです」

人が種を採って育てることを繰り返す中で風土に根付き、風味が地域の一つの個性となっていく。ハリマ王は、そんな人と種の営みから生まれた兵庫を代表する在来種の一つだ。

やぶに野生化した株

歴史は戦前にさかのぼる。奇世司さんの曽祖父が昭和初期、地域の特産品にしようとニンニクの栽培を始めた。しかし、戦時中になると食料不足からサツマイモなどの栽培が推奨され、嗜好《しこう》品扱いだったニンニクは畑からおいやられてしまう。

食生活が豊かになってきた戦後の1960年代のことだった。農業を継いだ祖父の英雄さんが、市内で開業する焼き肉店のたれ用のニンニクを探していた知人から相談を受けた。「そういえば…」。戦前に栽

土から掘り出されたハリマ王。赤みがかった色は古い品種の証しという

培されていたことを思い出し、畑に行ってみると、そばのやぶで野生化していた。

英雄さんは、自生して生き続けていたものを畑で育て、質の良いものを選んで育成する作業を重ねながら「秘伝のたれ」の原料として供給するようになった。

「これぞニンニク」

一軒の農家でコツコツ作っていたニンニクが世に出たのは、栽培を受け継いだ奇世司さんの父、恵一さんと「ひょうごの在来種保存会」の山根成人さんとの交流がきっかけだった。

山根さんは野菜などの在来種のうわさを聞けば現地に足を運び、味の特徴や種が残った歴史などを聞き取る活動を続けていた。人々の嗜好の変化とともに、風味がマイルドなものへと改良されていた中で、恵一さんが育てる在来種の強烈な個性に驚かされる。「これぞニンニクというくらいの存在感。くさい、辛いでは一級品」

山根さんと交わる中で、恵一さんは「ハリマ王」と命名。メディアで取り上げられて広く存在が知られるようになり、加西市内外の販売先を開拓、地域での栽培も広がった。

ハリマ王を育てる有機肥料には土を耕してくれるミミズが多くいる

無農薬、無化学肥料で

2014年に恵一さんが亡くなり、「小学生のころからニンニクは生活の一部だった」と言う奇世司さんが4代目として栽培を本格化する。祖父と父から学んだ無農薬、無化学肥料栽培を受け継ぎ、牛ふんなどの有機肥料を使い、雑草を抑えるために畑をもみ殻で覆う。

ニンニクは時期に応じて葉、花芽、球根を販売する。「農作業が一時期に集中しないよう、分散化と省力化を進めてきた」と奇世司さん。収穫した球根から選別した「種」は9月に植える。葉の収穫は翌年の2月から4月。前年に収穫した中から、皮がむきにくい小さなものを専用に栽培している。

花芽が付いた茎の収穫は4～5月だ。良質なものを育てるために欠かせない作業で、芽をとることで栄養が球根へと向かう。

1カ月間、天日干し

収穫したニンニクは一部を生で出荷し、残りは1カ月間、天日干しにする。6月下旬からJA直売所や地元のスーパーのほか東京、大阪、神戸などの料理店、食品加工業者に、食材や調味料用として供給される。地元、加西市の高橋醤油《しょうゆ》は昔ながらのもろみをベースにハリマ王と金ごまを配合した「焼き肉の

春に出荷される花芽

たれ」と、刻んだハリマ王を漬け込んだ「にんにくしょうゆ」を販売している。

ハリマ王のお薦めの食べ方は、山根さんがはまったという「カツオのたたき」と一緒に。初級者向けはスライス、中級者向けは刻みニンニクだ。辛さをガツンと味わいたいなら、上級者向けのすりおろし。「すりおろしは、食材の風味がハリマ王に負けてしまう場合もあるので、ご注意を」と奇世司さん。

生の風味の強烈さが際立つハリマ王も、火を通すと優しい甘みと上品な香りが楽しめる。奇世司さんは、熟成させて作る黒ニンニクの研究も進めている。雑味のない濃厚な味わいは生チョコレートを思い起こさせる。

多様性を守り次代へ

収穫後の選別は、次の年の「種」を選ぶ作業を兼ねている。見た目が整ったものだけでなく、皮が割れたもの、赤みを帯びた野性味が強いものも交ぜていく。

奇世司さんは言う。「多様性を残すことが基本。育てたものから種にするものを選ぶ作業は農家のあるべき姿だと思う。この豊かな個性を次代につないでいきたい」

ハリマ三を使った高橋醤油の焼き肉のたれ（左）としょうゆ製品（中央）

「塩の国」の入浜塩田で砂をかきおこす作業。
塩がついた砂は沼井（右）に入れ、濃い塩水をつくる＝
赤穂市御崎、兵庫県立赤穂海浜公園

赤穂の塩

「日本第一」の誇り脈々と

赤穂市立海洋科学館・塩の国は、国内最大級の塩田復元施設。晴れた日は朝から塩作りの作業が始まる。製塩技術を伝承する谷岡哲雄さんは「まんぐわ」という道具を引いて、砂紋を広げていく。「こうして砂をかきおこすと塩の結晶が速くできるんです」。江戸時代の画家で蘭学《らんがく》者の司馬江漢に「日本第一」の名産地と評され、江戸や上方の食文化を支えた「塩の国」赤穂の地から、波乱に富んだ日本の塩の歴史をたどりたい。

岩塩や天日塩に恵まれない日本では海水を蒸発させる方法で、生命の維持に不可欠な塩を確保してきた。科学館の館長、江尻裕亮さんは「海水中の塩分は3％。それをいかに速く大量に得るかの歴史です」と話す。

塩作りは海藻を燃やす方法から始まったとされる。縄文時代から土器で煮詰める方法が続いたが、中世になると海水をまいた砂を集める「揚浜式塩田」が各地に広がっていく。

高品質塩を大量生産

江戸時代には遠浅の海岸に堤防をつくり、潮の干満差を利用して海水を引き入れる「入浜塩田」が考案された。揚浜式に比べて労力が少ない画期的な方法で、これを大規模に導入したのが浅野家の赤穂藩だった。

千種川河口の東浜で始まった開発は次第に西浜へと移り、幕末には400ヘクタールもの入浜塩田地帯が形成される。この「赤穂流塩技」とも呼ばれた製塩技術はやがて全国に伝わり、特に瀬戸内沿岸は「十州塩田」と称されて全国シェアの約8割を占めた。

「赤穂産は他州産の2、3倍で取引され、偽造品が出回るほどでした」。赤穂市教育委員会文化財係長の荒木幸治さんは話す。

千種川上流の製鉄業

では、なぜ赤穂では高品質の塩が大量に生産できたのか。塩作りには「遠浅で穏やかな海」「大きな干満差」「晴れが多い」などの条件が求められる。荒木さんが挙げるのは、千種川が運ぶ膨大な真砂土でできた干潟の存在だ。

「上流では製鉄業が盛んで、砂鉄を採った後の土砂は川に流していた。その量が江戸時代になると大規模

復元された流下式塩田。竹の技を組んで海水を滴下させ、風の力で乾かす。戦後の20年間ほど活躍した＝赤穂市御崎、兵庫県立赤穂海浜公園

になり、流域にたまっていった可能性が考えられます」。１年に５メートルも広がったという真っさらな広い干潟を、赤穂の先人たちは整然と区画した大規模塩田に変えていった。

塩は小舟で東隣の坂越港に集められ、出荷された。さっぱりとした「真塩《ましお》」は主に大阪、京都へ。にがりが多くて濃厚な味わいの「差塩《さしじお》」は江戸など東日本へ。そして漬物やしょうゆ造りなどに用いられ、各地の食文化を豊かにしていった。

国家管理と塩田廃止

明治期になると安い輸入塩が流入し、塩の生産、流通は国の管理下に置かれる。日露戦争の戦費捻出のために１９０５年に始まった塩専売制は、外国産の独占と国産

濃い塩水を平釜で煮つめて自然塩をつくる＝赤穂市坂越、赤穂化成

塩の保護、製塩業の安定が理由とされた。1910年からは塩業整備が始まり、生産性が低い塩田は次々廃業に追い込まれた。

こうした時代を背景に、赤穂では東浜も西浜も、生き残りをかけて技術改良を重ねる。昭和に入り戦後を迎えると、最新式の「流下式塩田」を導入。個人経営から塩業組合へと組織を近代化させた。

しかし、塩を工業的に大量生産する「イオン交換膜法」の登場によって、塩田整理はさらに強化されていく。西浜に系譜をもつ赤穂海水化学工業は、塩田を全廃してイオン交換膜法に転換。一方、東浜の赤穂東浜塩業組合は第四次塩業整備の対象となり1972年、組合を解散した。

赤穂の海水から作る「天塩プレミアム」の結晶。平釜で煮つめるのでフレーク状になる（赤穂化成提供）

自然塩復活の半世紀

全国の塩田が廃止され、食卓から塩田の塩が消えたことで、塩と日本の食文化や味覚との関わりが見

直されるようになる。

工業製品の塩化ナトリウムのみを塩として流通させる国の「塩専売制度」は消費者らの大きな反発を受け、塩田復活の運動が各地で繰り広げられた。

対応を迫られた政府は1973年、輸入塩ににがりを加えた塩の生産を認める。その一つに「赤穂の天塩」があった。2年前の塩田廃止で解散した東浜塩業組合で、豆腐の凝固剤などを作っていた部門を母体とする赤穂化成が製造したものだった。

塩専売制度はその後、消費者の選択肢や産業発展を阻害するとの批判を受けて1997年に廃止。塩の生産と流通は自由化された。

東浜塩業組合、赤穂化成と親子2代で働く第三営業部西日本担当SG長の丸山浩司さんは「なんとか化成部門で事業を存続させ、『天塩』というブランドを築き上げてくれた先人に感謝です」と振り返る。

「塩の国」継ぐDNA

塩田の多くは工場などに姿を変え、公害によって瀬戸内海は「瀕死《ひんし》の海」と言われた。それから半世紀かけて公害反対運動と対策できれいな海水は戻った。

赤穂化成は2022年から、赤穂の海水から製造した「赤穂の天塩プレミアム」を販売。江戸時代の真塩、差塩も復活させている。同社マーケティング部サブグループ長の野中香映さんは「今は塩田で塩を作っていた人の孫世代も働いています。赤穂の海水で塩を作るんだ、という思いを私たちは受け継いでいきます」と力強く語る。

日本の食文化を豊かにしてきた赤穂の塩作りのDNAは、時代の波を越えて受け継がれている。

赤穂から、上方、江戸に供給された「真塩」「差塩」を復元した製品

Guide

塩の国 壮大なテロワールの物語と残る謎

日本の食文化のルーツに深く関わるテロワールの物語が兵庫には数多くある。日本遺産にも認定された「塩の国」赤穂の歴史もその一つだ。

岩塩など、簡単に手に入る塩がなかった日本人は、海水にわずかに含まれる塩を取り出す技術に情熱を注いできた。体の維持に不可欠な塩を得るには、水分を蒸発させる燃料となる薪と労力を多く必要としたため、大変貴重なものだった。

「赤穂式塩技」という技術革新で「塩の国」と称され、トップブランドを誇った赤穂の塩田地域は、上方で求められた「真塩」、江戸など東日本で好まれたにがりを含む「差塩」を供給するなど多様なの食文化が形成に貢献し、赤穂の塩を原料とした薄口しょう油は和食の基礎となった。

豆腐の風味を左右するにがり

忘れてはならないのは、海水を煮詰めて塩を採った後に残る苦汁（にがり）などの豆腐凝固剤の歴史だ。豆腐の味は、もちろん原料の大豆の甘みや風味が基本だが、凝固剤は食感やつやなどを決める要素となる。

戦後の塩田廃止という時代の荒波の中、千種川東岸の赤穂東浜塩田の流れを継承する赤穂化成株式会社は、海水に含まれる成分の研究を進め、豆腐や油揚げづくりに欠かせない凝固剤のリーディングカンパニーの地位を築いた。赤穂では各社が地元産の塩を復活させ、多様な商品開発を展開している。

一方で、赤穂の塩作りのテロワールである広大な干潟を形成した良質な砂と千種川上流の製鉄業との関連性や、塩田の強制的な廃止の経緯など不明な点もまだ多い。日本遺産の認定を契機に、そうした部分の解明が進むことも期待したい。

赤穂市立海洋科学館・塩の国で再現されている塩作り＝赤穂市御崎

種取りのために成熟させた長さ80センチほどの宍粟三尺と大砂正則さん＝宍粟市内

宍粟三尺きゅうり

酒かす漬けで絶品の風味

葉とつるが頭上まで茂るキュウリ畑のトンネルを進むと、とびきり長い黄色の実が横たわっていた。名前の通り、3尺（約90センチ）近くある「宍粟三尺《しそうさんじゃく》」だ。「それは種取り用に熟させています」。生産者の大砂正則さん（宍粟市）が色や形を確かめながら、40センチほどに育ったものを出荷用に収穫していく。白っぽくて長いキュウリは酒かす漬けにして独特の食感と風味を楽しむ。

大和三尺からの派生

大和三尺（奈良）、毛馬胡瓜《きゅうり》（大阪）、笠置三尺（京都）など、関西には漬物に利用されてきたキュウリがある。江戸、明治時代に中国などから伝わり各地に根付いたとみられる伝統野菜で、宍粟三尺もその一つだ。

兵庫県の在来作物を紹介した「ひょうごのふるさと野菜」などによると、宍粟三尺は戦後の1950年ごろから、宍粟郡安富町（現・姫路市安富町）に導入された大和三尺を選抜育種することで、作りだされた。

爆発的な人気で、1963年には80ヘクタールもの面積で栽培され、神戸などの市場を席巻する。しかし、トマトやレタスと一緒にサラダにして食される短い品種が好まれるようになるなど、食文化の変化の波を受けて衰退。市場から姿を消し、一部の農家が自家消費用に栽培を続けるだけになっていた。

宍粟市職員で兼業農家の大砂さんが宍粟三尺に関わるようになったのは、市の特産品開発を担当した2012年のこと。「こんなユニークな野菜が残っているのかと驚きました。復活させていくためには特徴を知る必要があると考え、自分で育て始めました」

よく見かけるキュウリに比べて、白っぽいのが特徴

白く細長い実を選抜

露地で栽培する宍粟三尺は4月上旬に種をまき、5月上旬に苗を植えて、6月中旬には収穫が始まる。以前はお盆まで収穫できたが、温暖化の影響で収穫期が前倒しになり、今は8月上旬で出荷を終える。

大砂さんが種から引き継いだ宍粟三尺は、白っぽいのが特徴だ。実

収穫後、１本ずつ流水で洗う清水ミエ子さん（左）ら

の表面に小さな凸凹があるものもある。実が小さい時にカメムシに吸われた跡で、無農薬で栽培している証しだ。

「これは宍粟三尺とは言えない」と手にしたのは緑が濃いキュウリ。ハチの受粉によってほかの畑の他品種と交配したために、色や形が変わったものは取り除いていく。伝統野菜を守るために必要な作業だ。

天、日、月、外の４段階

大砂さんが収穫した宍粟三尺を漬物に加工するのは「こがね丸グループ」。リーダーの清水信夫さんは父親が宍粟三尺の生産者で、子どものころは箱詰めなどを手伝っていた。真っすぐで品質のいいものから、「天」「日」「月」「外」と呼んでいたそうだ。

山陽盃酒造の純米酒の酒かすに漬け込む＝宍粟市内

「曲がったキュウリは、割った真竹にはめ込んでチューブでしばり、真っすぐにして等級を上げようとしていました。それも子どもの仕事だった」と笑う。

7日かけて水を抜く

清水さんたちは、受け継いだ手間と時間がかかる手法で、1週間かけて丁寧に水分を減らした後、キュウリを酒かすに漬ける。

初日、キュウリは流水で洗った後、塩をもみ込んで樽《たる》に並べて漬け込む。翌日は上にあったキュウリを下にして、まんべんなく漬かるよう並べ直す。

3日目、キュウリはザルに上げ、樽の塩水を全部捨てて漬け直す。4日目からは漬け液を沸騰させてキュウリにかけ、氷で冷やした漬け液に漬け込む。この作業を繰り返した後、酒かすの樽に漬け込んで1年間、寝かせる。

「年を重ねるごとに、手間をかけることの大切さが分かってきたね」と話すのは、こがね丸グループの中心メンバーで清水さんの妻、ミエ子さん。おすすめは宍粟三尺の細巻きとチャーハンだそうだ。

在来作物の保存・普及に取り組む「ひょうごの在来種保存会」事務局長の池島耕さんは「一番の特徴はパリパリの食感。奈良漬とも違う。日本酒好きはもちろん、ごはん党の人も楽しめる」と評価する。

発酵のまちの財産に

播磨国風土記に日本酒の最古の記述がある宍粟市は、みそ造りや藍染めなどの発酵製品を再評価する「発酵のまちづくり」を進めている。かす漬けとなる宍粟三尺も地域で見直され、生産者が少しずつ増え始めた。

蔵で少し熟成させた純米酒の酒かすを提供する地元の山陽盃《さんようはい》酒造では、直売所で日本酒とともに販売している。専務の壺阪雄一さんは「宍粟ならではの発酵文化を伝える伝統野菜。オンリーワンの地域の財産として守っていきたい」と力強く語る。

1年間の眠りを経て取り出された酒かすをいただいた。かんだ瞬間、酒かすの香りが鼻を抜け、まろやかなうまみが広がる。

形や色を見極めながら種を残す農家と、独特の個性を引き出すために丁寧に作業を重ねる加工業者、独特の風味を生む酒かすを供給する酒蔵。ものづくりに必要な手間をつなぐことで地域で受け継がれてきた逸品を、多くの人に味わってもらいたいと思う。

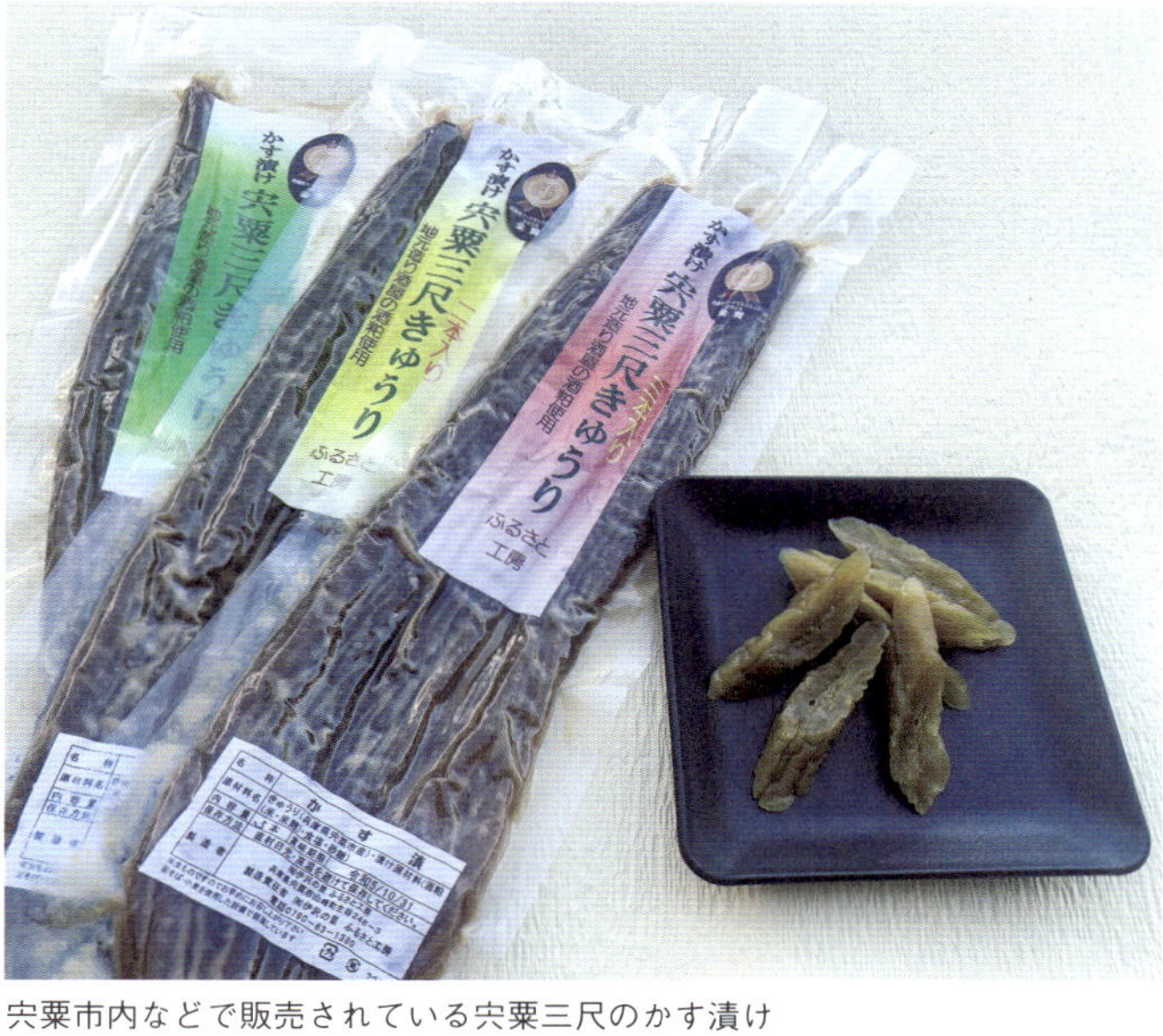

宍粟市内などで販売されている宍粟三尺のかす漬け

丹波栗

千年続く最高級の代名詞

両手を広げるように左右に伸ばした枝に、緑の「いが」がたくさん実っている。樹高を低く抑える「兵庫方式」で育てられた栗の木だ。「このあたりの木は36年前、この施設ができた時に植えられました」。兵庫県立農業技術センター主任研究員の黒田英明さんは収穫期を迎えた木々を見てまわる。千年以上前から最高級品としての評価を受けてきた兵庫の栗は、栽培技術の研鑽によって今も全国に名声を博している。

「兵庫方式」で育てられた栗と黒田英明さん。上から見ると細長い楕円（だえん）形になっている＝加西市、兵庫県立農林水産技術総合センター

低樹高の「兵庫方式」

「兵庫方式」は、農業試験場園芸部長などを務めた故荒木斉氏が1970年代に確立した栗の栽培技術だ。放っておくと10メートル以上にもなる樹高を、冬の間に枝を落として3・5メートルにする一方、陽光をたっぷり受けられるよう、下の枝を横に伸ばさせる。

樹高をさらに低い2・5メートルにまで抑える「岐阜方式」を広めた岐阜県の技師、故塚本実氏とともに、栗栽培を技術革新した「二大巨頭」と称されている。

「落ちた実を採集する『林産物』だった栗を、荒木さんは剪定《せんてい》技術によって高品質、高収量を可能にする『農産物』に変えたのです」と黒田さん。

直射日光で実が付く

「〝クリ園〟でなく、〝クリ林〟になっていませんか」。そう呼び掛ける荒木さんの著書『クリの作業便利帳』は、全国の栗農家のバイブルとなっている。

手入れ不足の栗林の木々は上の部分だけ実が付き、下半分は葉も付かず、寿命も短い。荒木さんは剪定と木の観察を続けながら、日光が当たる部分だけに実をつける栗の特性を見極め、剪定作業がしやすく収量が増え、寿命も延ばせる低樹高の技術体系を考案した。

それを現場で実践して、荒木さんとともに「兵庫方式」として確立させたのが、丹波や北摂地域の篤農家たちだった。

7・5ヘクタールの大規模低樹高栗園を営む三田市の小仲教示さんもその一人。「栗農家が専業でやっていけるようになったのは、荒木さんのおかげです」

東京の高級料理店などで人気の小仲さんの栗は2019年、天皇陛

収穫期を迎えている栗

下即位の礼の晩さん会でも食材に使われ、世界の国家元首らにふるまわれた。

兵庫、京都、大阪の境

丹波や北摂の栗は千年以上前から栽培の記録があり、高い評価を受けてきた。平安時代の書物「延《えん》喜式《ぎしき》」には「丹波国」から朝廷への献上品として、記載されている。

この「丹波国」は現在の兵庫、京都、大阪にまたがる地域を指している。「丹波栗」は、兵庫と京都の丹波、兵庫と大阪の北摂で産した大栗の総称だ。兵庫で最も多く栽培されている品種「銀寄《ぎんよせ》」は現在の大阪府能勢町を起源とする。

「丹波」の種が全国に

「丹波栗」の名声が全国で高まったのは江戸期のこと。元禄時代の本草学者、人見必大《ひとみひつだい》は食材の百科事典「本朝食鑑」で「大きさ鶏卵の如《ごと》し、諸州之を栽培するも丹波に及ばず」と記した。

高い品質を誇る「丹波栗」は全国の地方品種づくりにも大きな役割を果たしたことが分かっている。農研機構の研究では、全国の在来品種60種をDNA解析したところ、その半数が丹波地域の在来品種が片方の親となっていた。

古くから栗が生活に深く溶け込んでいることを感じさせるのが「丹波布」だ。栽培した綿を手でつむぎ、草木で染め、少量の絹を入れて手

栗の皮を煮出した液で染めた木綿の糸＝丹波市青垣町、丹波布伝承館

織りで仕上げる。栗の皮は草木染の代表的な原料だ。

伝統技術の保存・発信拠点である丹波市立丹波布伝承館には栗の収穫期になると、実を取った後の皮が生産農家から大量に持ち込まれる。

同館では丹波布の長期伝承教室を開いており、綿の栽培から手織りまでを学ぶため、他県から移り住む人も少なくない。京都市出身の伝習生、太附《たづけ》智子さんは「栗をおいしく食べて、皮も無駄にせずに染色に生かす。丹波布にはそんな暮らしのぬくもりがあります」とほほ笑む。

畑を継いで焼き栗に

需要が高い兵庫の栗産地の悩みは後継者不足。長年かけて兵庫方式で見事に仕立てた栗畑が、高齢化で手放さざるを得なくなるケースも増えている。

そうした廃園の危機にある栗畑を守る若い生産者も出てきた。神戸市から丹波市に移住した幸畑孫《こうはたそん》さんは、四つの栗畑を引き継ぎ、焼き栗などにして販売している。

低温貯蔵して甘みを増した後に加工する焼き栗

栗を加工するアルバイトをしている時に栗に魅了され、2013年に創業した。「神戸にいたときは兵庫の栗のことを知りませんでした。歴史や技術を勉強する中で若い人にもっと知らせたいと思うようになった」

丹波栗はブランド品で高価なことから、自ら栽培して加工する事業に行き着いた。1カ月間低温貯蔵して甘みを増した栗を加工する焼き栗は、丹波市内の本店や道の駅あおがきで大人気。栽培する栗畑を1年に一つずつ増やすのが目標だ。

「栽培は難しいけれど、うまく育てれば応えてくれる。一本ごとに個性が違っていてどの木もいとおしい。自分が農業をするとは思ってもみませんでした。今は栗こそ人生です」

秋祭りの味

食卓にぎわす瀬戸内の幸

高砂の伊《い》保《ほ》港からは家島諸島の東端に浮かぶ上島が正面に見える。島周辺での漁を終えた船が帰ってきた。高谷繁喜さんが水揚げしたのは旬のアシアカエビだ。「祭りにエビやシャコがないとさみしい。このエビはまだ、たくさんとれる」と顔をほころばせる。播磨各地の秋祭りの食をにぎわしてきた瀬戸内海の幸。海の異変で漁獲が減った魚も少なくないが、祭りを彩る料理には欠かせない。

灘のけんか祭りの通称「ひろばたけ」の桟敷席。エビや煮しめのほか、若者向けに揚げ物や肉料理、おにぎりが並ぶ＝姫路市白浜町

名前の通り足が赤い大きなアシアカエビは、しょうゆと好みで砂糖を加えた湯でゆでる。ゆがきたては特においしい。かごにはクルマエビも交じっている。別のかごにはシラサエビ。「湯に通すと皮をむきやすい。氷で冷やして刺し身で食べるとうまい」と高谷さん。まるごと天ぷらにしても最高だ。

ワタリガニ激減

ショックだったのはシャコ。5、6センチの大きさしかない。30年余り前、姫路の秋祭りの取材で訪れた各家庭では大皿に大きなシャコが盛られていた。祭りの食の華だったワタリガニも激減している。高谷さんの底引き網には幸運にも大物が1匹入っていた。

播磨灘でとれるアシアカエビなど。左の大きいのはクルマエビ

　この日は、曽根天満宮（高砂市曽根町）の秋祭りの宵宮の前日。知人に頼まれた魚を配り、ゆでたエビなどは宵宮の休憩時間のごちそうにする。

　取れなくなっているのはアナゴ、イカナゴ、シャコ、カニ、エビなど海底にすむ魚や脱皮して成長する甲殻類だ。海の上の方で取れ、同じく秋祭りに人気のタイやハモなどは漁獲量が減っていない。

　エビやシャコなどの不漁の要因には、兵庫県も対策に乗り出した栄養不足や水温上昇が挙げられる。漁業者からは化学物質の影響調査を求める声が聞かれる。栄養の改善と原因究明によって、以前のように魚が成長できる豊かな海を取り戻したい。

昔ながらの製法で糀を造る小松屋５代目の肥塚唯史さん＝姫路市白浜町

創業１４０余年の甘酒店

　秋祭りの食で根強い人気があるのが甘酒だ。灘のけんかまつりで知られる松原八幡神社（姫路市白浜町）に近い創業１４０余年の甘酒とみその店「小松屋」には、甘酒の糀《こうじ》を購入予約した女性客が訪れる。「糀はじっくり4日かけてつくります。1日に8キロ買っていく人もいますよ」とおかみの肥塚《こえづか》美智代さん。自分で甘酒を造る女性客たちに祭りの料理のことを聞くと、魚を使うすしの話に花が咲いた。

　姫路市山田町、西山田天満宮の氏子の雲丹亀《うにがめ》喜代美さんは酢でしめたサバですしを作る。代々、受け継がれてきた木箱に20匹のサバずしを入れておき、家族で食べ、親戚などに配る。

受け継がれる「木型」

「台場練り」で知られる恵美酒宮天満神社（姫路市飾磨区）に近い梅本文恵さんは、あっさりしたコノシロのおすしを作り、「ハラン」の大きな葉で包む。「1年でこの日のためだけに庭で育てています」と笑う。

「灘のけんか祭り」の松原八幡神社七カ村の一つ、妻鹿地区の清野知代さんは前夜祭の13日、100年受け継がれてきた小型の木型を使って、アナゴやコノシロずしを作る。テーブルには牛すじとコンニャクを煮込んだ「すじこん」や「たいのこ」、焼き魚などの大皿が並ぶ。

木の箱に入れるサバずし。頭つきには庭のナンテンの葉が添えられた

宵宮の14日朝のメインは串カツだ。「おでんを作る家が多いけど、うちはこれ」。知代さんは孫らとエビやレンコンなどの200本を前日に仕込む。夜は刺し身や鍋を囲みながら、本宮の練り場となる通称「ひろばたけ」の桟敷で昼食にいただく、オードブルやおにぎりを未明までかかってつくる。

段々畑の絶景と昼食

けんか祭り本宮の15日、みこしや各村の屋台が向かう御旅山の麓に設けられた桟敷席におじゃました。秋晴れの空の下、反対側の山の桟敷席は人で埋まっている。播磨灘には伊保からも見えた上島。東には淡路島。四国もうっすら見える。

3台のみこしが練り場に入ったころ、家族、親戚、招待客ら20人ほどがそろい、知代さんたちが作ったオードブルやおにぎりの大皿のふたが開けられた。

栈敷は山肌に作られた段々畑の所有者が提供している。その一人で農家の湊勇雄さんは、10月初めに畑の野菜を片付けて栈敷席を整えた。屋台の練り合わせに声を上げる客たちの様子を満足そうに見守っていた。「久しぶりに大勢の人で盛り上がった。2年間も祭りがなくて、昨年は控え気味だった。ようやく風景がよみがえったね。いつものサイクルで1年後の準備を始めます」

祭りが終わると、栈敷席は段々畑にかえる。湊さんはシートを外して畑を耕し、タマネギ、ネギ、ジャガイモなどを植える。春になるとトマトなどの夏野菜を育てはじめ、収穫しながら秋を待つ。

木型で押しずしをつくる清野知代さん。甘く香ばしいアナゴずしは子どもにも人気＝姫路市飾磨区妻鹿

炭酸水

ロングセラー生んだ聖地

有馬温泉の「銀の湯」からさらに奥へ進むと炭酸泉源公園に着く。名物の炭酸せんべいや有馬サイダーの原点である炭酸水が湧き出す場所だ。近くには1873（明治6）年に泉源を発見し、有馬の発展に尽くした梶木源次郎の顕彰碑が立つ。当時はくみ上げた炭酸水に砂糖を入れて販売されていたという。数多くのロングセラーを生み、炭酸水の聖地と言われる兵庫。その歴史と今をたどりたい。

（右から）10年ほど前まで販売していた透明なリターナブル瓶のダイヤモンドレモン、現在のグリーンの瓶の製品

泉源に近い泉堂は炭酸せんべいの老舗。塩味とコク、しっかりとした食感があり、ビールや冷酒にも合いそうだ。「炭酸せんべいは店によって味が違いますよ」と社長の金野輝昭さんは笑う。

よく見かける「ありまサイダーてっぽう水」は明治末期に発売された製品を、温泉街の有志によって20年ほど前に復刻したものだ。

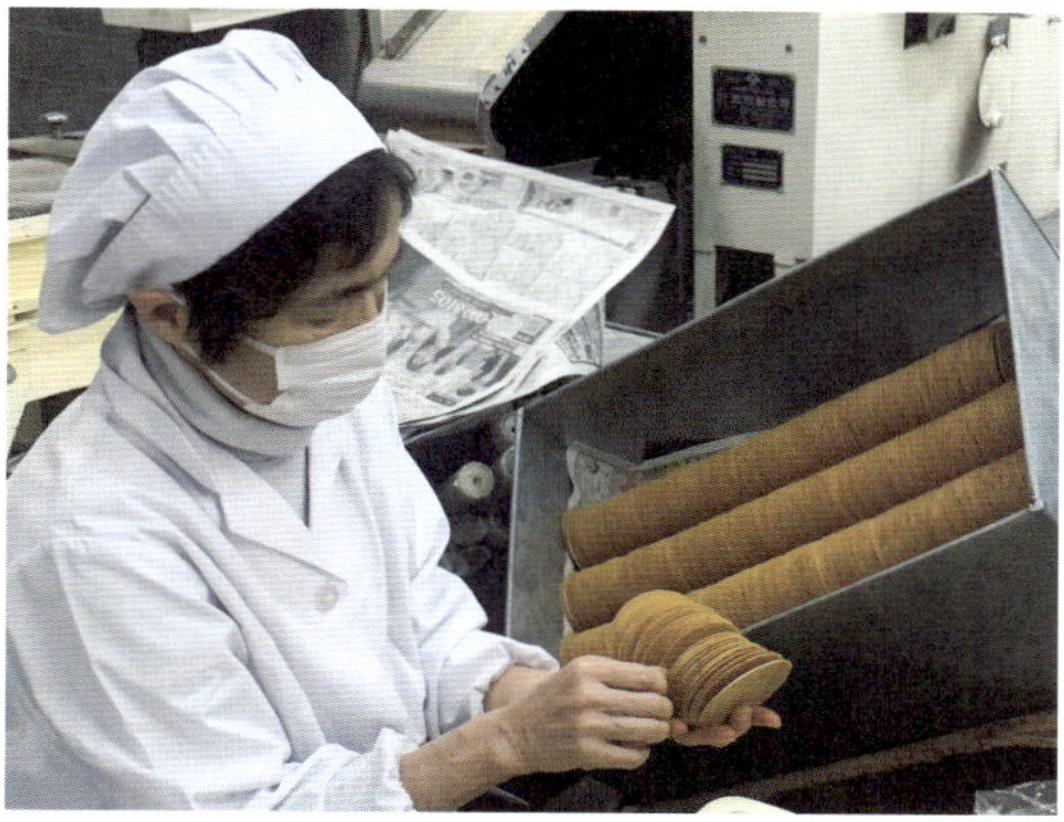
焼き上がった炭酸せんべいは丁寧に容器につめられる＝神戸市北区有馬町、泉堂

「毒水」から健康飲料に

今は欠かせない観光資源の炭酸泉だが、明治になるまでは忌み嫌われる存在だった。NPO法人炭酸泉源保存会によると、谷間に碑が立つ「鳥地獄」や「虫地獄」は、炭酸ガスで中毒死した鳥や虫を見て名付けられたものらしい。

「毒水」などと恐れられていた炭酸水への見方を変えさせたのが、外国人が持ち込んだ炭酸飲料だった。幕末の1853年、浦賀に来航したペリー艦隊に積まれていたレモネードが最初だともいわれる。

欧米では当時、薬剤師らが天然の鉱泉水を滋養強壮や医療用として使う動きが広がり、炭酸飲料産業の勃興期に突入していた。

二大ブランドが発祥

140年の歴史を持つ三ツ矢サイダーは、政府が外国人接待のために各地で行った調査をきっかけに誕生した。1881年、イギリス人理学者ウィリアム・ガランが川辺郡多田村（現川西市）の平野鉱泉の炭酸水を分析し、「理想的な飲料鉱泉なり」と称賛。3年後に工場ができ、平安時代の源満仲の霊泉伝説に由来する「三ツ矢」の名称を入れた製品が発売された。1897年には宮内省から東宮（大正天皇）の御料品に指定されている。

一方、炭酸水で日本一の売り上げを誇る「ウィルキンソン」はイギリス人のジョン・クリフォード・ウィルキンソンによる発見がルーツとされる。1889年ごろ、宝塚で狩猟中に炭酸鉱泉を見つけ、翌年から販売を始めた。

いずれも1世紀を超える歴史の中で工場や製造元が移り変わり、現在はアサヒ飲料が明石工場などで製造している。

布引の名水で1世紀

兵庫には原料と製法を変えずに、100年にわたって作り続けられてきたローカルブランドの飲料もある。西宮市の布引礦泉所《こうせんじょ》の「ダイヤモンドレモン」は1914（大正3）年からのロングセラーだ。「神戸の水が高い評価を受けた時代の水ビジネスから始まったようです」と4代目社長の石井恭子さんは話す。

創業は明治期の1899年。神戸の布引の滝近くで湧出する天

炭酸水の碑。下に「てっぽう水ともいふ」の字が刻まれている＝神戸市北区有馬町、炭酸泉源公園

然鉱泉を原料に製造を始めたが、1938（昭和13）年の阪神大水害で社屋が流され、西宮に拠点を移した。

現在も布引の名水を運んで瓶詰めされるダイヤモンドレモンや炭酸水、ミネラルウオーターが京阪神のホテル、レストラン、バーなど業務用に販売されている。「シンプルなものほど、瓶の方がおいしいと言われます」と石井さんは胸を張る。

日本で残ったラムネ

炭酸飲料で忘れてはならないのが「ラムネ」だ。神戸では維新直後の1870年、長崎からやってきたイギリス人薬剤師のアレキサンダー・キャメロン・シムによる製造が最も古い。神戸居留地十八番館で販売された「十八番ラムネ」は、ハイカラさが受けて大人気となった。

1886年に全国でコレラが流行した際は「炭酸水を飲むとかからない」といううわさが広がり、関西各地で飛ぶように売れたという。

ラムネの栓は、当初はコルクを詰めて針金で縛るタイプで、「キュウリ瓶」と呼ばれていた。炭酸の圧力を利用し内側から

ラムネの瓶詰め作業＝神戸市長田区菅原通、兵庫鉱泉所

ビー玉で密栓する画期的な方法がイギリスで開発され、1887年から大量に瓶が輸入される。

その後、栓抜きで開ける王冠が発明され、ビー玉栓は母国のイギリスをはじめ世界で姿を消したが、日本では独自の改良を重ね、しぶとく生き残った。近年、世界で日本のラムネは大人気となり、兵庫からも輸出されている。

銭湯「湊河湯」で親しまれているワンエース。
子どもにはラムネが一番の人気という＝神戸市兵庫区東山町

神戸市長田区の兵庫鉱泉所では、貴重になったリターナブル瓶を利用する地元の料理店や銭湯、問屋など50軒ほどにラムネを供給している。

飲み口にある「ワンエース」いう製品名は昭和40年代、アメリカのコカ・コーラに対抗しようと地元の十数社で立ち上げたブランドだ。王冠を駆逐したスクリューキャップや大量生産と工場の統合、ペットボトルの登場…、社長の秋田健次さんは炭酸飲料の歴史を振り返りながら、ラムネへの思いを語る。

「歴史の荒波にさらされながら、コルク栓と針金のシャンパンと、そして日本のラムネは残った。ラムネはレトロではなく、日本育ちの現役です」

農家の味

五国の豊かな食文化　次代へ

食材を育む風と水と土と人が織りなす「テロワール」の物語が詰まった兵庫。但馬、丹波、摂津、播磨、淡路の多彩な産物や食文化をテロワールの目線で捉える連載の最終回は、地域の伝統を受け継ぎながら、自然と消費者をつなぐ新たな食と農の「型」をつくり続ける農家の営みを紹介したい。

藤原隆子さん（左から２人目）らスタッフが作るマイスター工房八千代のおせち料理＝兵庫県多可町

香り立つレモンの酒

洲本市の平岡農園は、ミカンとレモンをそれぞれ3ヘクタール栽培する観光農園だ。寒さと風に弱いレモンを、瀬戸内海の温暖な気候と風が入りにくい盆地の地形を生かして2000年から生産し始め、拡大してきた。

香り豊かなレモンの皮をたっぷり使ったリキュール「淡路島レモンチェッロ」は、開拓の情熱の結晶のような製品だ。きっかけは南イタリアで農家自家製レモンチェッロを味わった体験にある。この時の感動を、経営する平岡まきさんは「レモンの香りが一気に口内いっぱいに立ちこめる。衝撃の感覚でした」と振り返る。

丁寧に手間をかけて栽培するレモンの実とレモンチェッロの魅力を語る平岡まきさん＝洲本市

その後、夫の潔さんが脳梗塞で農作業が困難に。それでもレモン畑への熱い思いを語り続ける潔さんを見て奮起したまきさんは、兵庫県南淡路農業改良普及センターなどの協力を得て、壺坂酒造（姫路市）に醸造を依頼、試作を重ねて2023年から販売を始めた。「スイーツや菓子作りのアクセントにも」と勧める。

栗の世界に魅了され

丹波市の「ヒロちゃん栗園　DE八百屋さん」を運営する山本浩子さんは神戸市須磨区の出身。結婚した夫の実家が丹波の農林業家で、山と畑に関わるようになった。

「栗中心の生活になるとは考えもしなかった」と笑う山本さん。手入れ不足だった自宅前の栗園を元気にしたいとの思いから、伐採技術な

冷蔵して甘みを増した栗と、熟成丹波栗スムージーについて説明する山本浩子さん＝丹波市

どを学ぶ講習に通い、2016年に栗剪定《せんてい》士の資格を取得。栗好きの女性たちと栽培技術やブランド力向上を目的に結成した「丹波栗っこ会」の代表を務める。

店内には自慢の栗と加工品、地元産の農作物などが並ぶ。焼き芋を焼ける薪《まき》ストーブで暖かな飲食スペースでは、栗の皮を餌にしたブランド豚を使った定食や、熟成丹波栗や焼き芋のスイーツが味わえる。「まだまだ知られていない丹波栗の素晴らしさを多くの人に知ってもらいたい」と目を輝かせる。

柔らかな山椒の刺激

徳川家康をはじめ、古くから漢方薬などとして好まれてきた養父市八鹿町発祥の朝倉山椒《さんしょう》。市内の畑特産物生産出荷組合はイタリア料理で使われるソース「ジェノベーゼ」で、山椒の新しい楽しみ方を提案している。「バジルが一般的なジェノベーゼを、朝倉山椒主体にしたものです」と副組合長の田和豊さんは説明する。

初夏に収穫した実を熱湯にさらした後、冷却して冷凍保存する。注文に応じてペースト化し、オリーブオイルと松の実、ニンニクなどを合わせる。基本のお薦めは和風パスタ料理。パンにチーズとのせてオーブントースターで焼くだけでも柔らかな山椒の香りと刺激が楽しめる。

「課題の食べ方の発信を工夫していきたい」と田和さんは話す。

酪農中心の資源循環

酪農（1次産業）を中心にチーズ加工（2次）、レストランや結婚式のサービス業（3次）など6次産業を展開するのは、神戸市北区の弓削牧場だ。

全国から視察する人が訪れる弓削牧場が今、テーマとしているのは資源循環。乳牛の尿やチーズのホエーなど、これまで廃棄していた有機物を発酵させて得られるバイオガスを、食と農の現場に欠かせない給湯の燃料に活用する。副産物の有機肥料「消化液」は、レストランのサラダに提供する野菜栽培で使うほか、資源循環の「環《めぐる》プロジェクト」の日本酒で用いる酒米山田錦の栽培農家らに供給する。

消化液は有機肥料として日本農林規格（JAS）認証を取得した。牧場内に消化液で育つ野菜の様子を展示し、家庭菜園用にも販売する。「レストランで野菜の味を知ってもらい、消化液の利用が広がってくれれば」と弓削和子さんはアピールする。

朝倉山椒を使ったジェノベーゼを出荷する畑特産物生産出荷組合のメンバー＝養父市

おせちの技も伝える

節分の恵方巻きを1万本以上作る兵庫県多可町のマイスター工房八千代は、北播磨で盛んな巻きずししの代表的な加工グループだ。

農村でも料理する人が減って総菜を求める人が増える中、「田舎のコンビニ」を掲げて2001年に開店、ファンを増やしてきた。人気の巻きずしの販売を希望する百貨店は兵庫県外にも広がり、2024年1月には東京・銀座で販売が始まった。

自慢のチーズや牛乳、レストランで味わえる日本酒「環」をアピールする（後列右から）弓削忠生さん、和子さん夫妻、（前列右から）長男太郎さん、次女関麻子さん＝神戸市北区

味と食材にこだわりながら種類を増やしてきた自慢の農産加工品の一つに、正月のおせち料理がある。

年末は家のおせち作りも忙しい、というスタッフ向けに作り始めた。「正月に食べたスタッフの家族らから買いたいとの声があり、客向けにも始めました」と施設長の藤原隆子さん。

添加物を使わないので味は濃いめ。酢を使った調理も多用する。ピクルスは巻きずしで使わなかったキュウリを生かすなど、モットーの「もったいない精神」が生かされている。

都市と農村をつなぐ食べものを創作しながら食の技術を磨き、若い仲間に伝える。その営みには四季とともに移ろう料理の楽しさと、地域の農と食の恵みを次代につなげるという思いが込められている。

あとがき

日本海から瀬戸内海まで日本の縮図といわれる多彩な食の恵みについて連載・出版する機会を再びいただいた。前回は故・貝原俊民さんが知事を退かれた後に尽力された「手をつなぐ兵庫県産うまいもんネット」の一環で、料理研究家の白井操さんとともに２０１０年４月から１年間、神戸新聞朝刊で「うまいもんライブラリー　ひょうごの素材行脚」を連載。11年９月に、『五国豊穣　兵庫のうまいもん巡り』と題して出版され、連載と本を題材とした神戸新聞旅行社のオリジナルツアーも始まった。

それから10年以上が経ち、時代の視点で食文化を捉え直した新しい企画について考えていた時、テロワールという言葉と出会った。兵庫県やＪＲグループによる大型観光企画「兵庫ディスティネーションキャンペーン（ＤＣ）」の戦略を考える会議の一員だった私が、座長の古田菜穂子さんが提案した「テロワール旅」に、賛同したのには３つの理由があった。

まず、日本酒と酒米の中心産地である兵庫を海外の人に理解してもらう際に、ワインでよく使われるテロワールの視点は大きなプラスになると思った。また、日本酒のみならず、但馬牛、赤穂の塩など日本の食文化のルーツと関わる兵庫の風土や歴史を掘り下げる時に強い味方になる言葉だと感じた。３つ目は、先見の明がある人々に使われてきたテロワールという言葉が本格的に広がる時代がそろそろきたのでは、という期待だった。

なぜ、その土地にその産物が生まれ、今日まで続いているのか

２０２１年９月に始まった連載「風と水と土と　ひょうごテロワール」では、「なぜ、その土地にその

産物が生まれ、今まで続いてきたのか」という問いを立て、その個性を形作ってきた自然と人の「型」を示すことを基本とした。

例えば、明石鯛がなぜおいしいのか—。理由の第一は、うまみが豊富でしまった身をつくる激しい潮流と餌が豊富な明石海峡の環境にある。この鯛のおいしさを損なわずに食べる人に届けるために、明石や淡路の人々は魚を丁寧に扱う技を磨いてきた。その水準が日本一であることも明石鯛をトップブランドとしている「型」である。

なぜ、兵庫は日本酒の中心産地になったのか。

こちらの方は、発展の長い歴史を順序立てて論理的に理解してもらう必要がある。日本酒と酒米の400年におよぶ物語のエポックメイキングな出来事は、江戸時代後半における六甲山麓での水車精米産業の勃興だったと考える。

人力から水力という無尽蔵の自然エネルギーに動力を転換したことで、大量の良質米が酒造りに適した冬に手に入るようになる。ここから、醸造施設の大型化、杜氏を頂点とした組織的な酒造りなど、技術革新が加速した。神戸や西宮の地下水が醸造に適した中硬水だったことも幸運だった。いわゆる「宮水」である。

六甲山南側に奇跡的にそろったいくつもの好条件を生かした先人たちは酒を醸す技術と日本酒文化を大きく飛躍させる。その後、六甲山北側の北播磨などで酒米の物語が始まる。灘五郷と酒米産地との明治からの村米制度、酒造専用の米の開発が始まり、昭和の山田錦誕生を経て、現代へと続いている。

自然と人で作ってきた「型」を揺るがす時代

自然と人で形作ってきた「型」には日本酒や丹波黒大豆のように江戸時代から続くものもあれば、

但馬牛や丹波栗のように千年の歴史があるものもある。

時代の要請に応じて生まれた新しい「型」もある。コウノトリ育む農法は、大型の鳥を豊かな生態系とともに復活させながら、安全・安心な食料を得ようという型である。

連載では長く伝えられてきたこうした「型」が気候変動や高齢化で揺らいでいる現状も紹介した。瀬戸内海では温暖化とともに栄養の減少も問題化している。下水道や工場排水を対象とした昭和の公害対策が徹底された結果、窒素やリンなどの生物に不可欠な栄養成分が遮断されたことも大きな要因だ。

早春の風物詩だったイカナゴや、アナゴ、アサリなど海底の水産物が激減した。ガザミやエビ、シャコなどの甲殻類の減少も深刻だ。豊かな瀬戸内海の復活には、昭和の開発期に失われた藻場や砂地などの再生も欠かせないが、まずは、できることとして、陸と海の栄養循環の復活が求められている。

農業は温暖化の悪影響を受ける一方、石油など化石燃料の大量消費や、温室効果ガスの要因となる有機物のごみの排出が温暖化の大きな要因と指摘されている。地球の限界を超えないためのＳＤＧｓの取り組みとして、石油などの化石燃料依存からの脱却や、農と食の有機物残さの有効利用が求められている。

播磨灘のカキでは、九州や四国から大量に購入している養殖筏用の竹を地元のタケノコ産地などで調達し、古い竹などをタケノコや野菜の肥料に活用する新しい海と陸の循環を紹介した。竹の運搬に使う石油を大幅に削減するとともに荒廃する里山再生のモデルとなる。

家畜ふん尿や食品ごみを発酵させて、自然エネルギーのバイオガスと有機肥料の消化液を得る事業は、さまざまな地域課題を解決する手段となる。バイオガスは給湯や発電に生かし、消化液は高騰する輸入の化学肥料の代替となるだけでなく、瀬戸内海の栄養不足問題への解決策としても期待される。

先人の地域デザインとローカルSDGsのDNA

四季が多彩で水と植物資源に恵まれた日本は、鎖国の江戸時代に世界でも珍しい徹底した循環型社会を実現していた。各地の産物、食文化をテロワールの視点で掘り下げていくと、森林や草原、ため池などの地域デザインの原型と、薪や炭などの木質燃料や水力など地域の自然エネルギーも活用して100年以上前にすでにローカルSDGsを実践していた人々の営みが見えてくる。

子どもたちにとって、地域の自然を深く理解しながら人が形作ってきたテロワールの物語は、新しい社会の「型」を描く上での大きなヒントとなるだろう。海外に出た時も、地域に根ざして生きる時にも、持続可能な地球と地域について考えるための尺度を自ら育むための原点となると思う。

連載では、古くは経済部の農林水産担当時代や「うまいもんライブラリー」の時に取材をさせていただいた兵庫県の農業改良技術センター、農業や水産の技術センターなどの方々に再び大変お世話になり、時代が求める新しい発想で自然と向き合う多くの生産者と出会うご縁をいただいた。

今回のテーマであるテロワールの視座に欠かせない地質や気象などの取材を重ねる中で、変化し続ける大地と、その風土の特質を生かした先人の地域デザインの歴史を実感しながら作業を進められたことは得がたい経験となった。前回と同様に神戸新聞総合出版センターの岡容子さんに、出版に向けた調整や編集作業に大変ご尽力いただき感謝申し上げたい。

２０２４年10月

辻本　一好

辻本 一好　つじもと　かずよし

1966年、姫路市生まれ。1991年、同志社大学文学部卒業、神戸新聞社入社。経済部、論説委員室などを経て、2020年から経営企画部専任部長　編集委員。環境、エネルギー、農林水産などが専門。地域に資源循環をつくりながら地球環境への負担を減らす日本酒「環（めぐる）」のプロジェクトで、日本新聞協会2021年度新聞経営賞。共著に『検証　姫路城　匠たちの遺産』（1995年）、『台風23号　記録と検証　円山川決壊』（2005年）、『五国豊穣　兵庫のうまいもん巡り』（2011年、以上、神戸新聞総合出版センター）

ひょうご五国《ごこく》 食物語《しょくものがたり》

ルーツをめぐるテロワール旅

2024年11月20日　初版第1刷発行

著　者＿＿辻本 一好
編　者＿＿神戸新聞社
発行者＿＿金元 昌弘
発行所＿＿神戸新聞総合出版センター
〒650-0044　神戸市中央区東川崎町1-5-7
TEL 078-362-7140／FAX 078-361-7552
https://kobe-yomitai.jp

装丁・組版／神原 宏一
印刷／株式会社神戸新聞総合印刷

落丁・乱丁本はお取替えいたします
©Kazuyoshi Tsujimoto 2024, Printed in Japan
ISBN978-4-343-01246-3 C0077